아이의 생각 읽기

최순자 지음

부모되는 철학시리즈

함께 나누는 행복 이야기

부모가 된다는 것은 지구상에서 가장 힘들고 어렵다. 동시에 가장 중요한 일이기도 하다.
'부모되는 철학 시리즈'는 아이의 올바른 성장을 돕는 교육 가치관을 정립하고 행복한 가정을 만들어
가는 데 긍정적인 역할을 할 것이다. 부모가 행복해야 아이들도 행복하다. 행복한 아이와 행복한 부
모, 나아가 행복한 가정 속에 미래를 꿈꾸며 성장시키는 것이 부모되는 철학의 힘이다.

아이의 생각 읽기
사랑받기 위해 태어난 아이들

초판 1쇄 발행 2022년 12월 30일

지은이. 최순자
그 림. 최민슬
펴낸이. 김태영

씽크스마트
서울특별시 마포구 토정로 222
한국출판콘텐츠센터 401호
전화. 02-323-5609

홈페이지. www.tsbook.co.kr
블로그. blog.naver.com/ts0651
페이스북. @official.thinksmart
인스타그램. @thinksmart.official
이메일. thinksmart@kakao.com

ISBN 978-89-6529-336-1 (13590)

• 씽크스마트-더 큰 세상으로 통하는 길

'더 큰 생각으로 통하는 길' 위에서 삶의 지혜를 모아 '인문교양, 자기계발, 자녀교육, 어린이 교양·학습, 정치
사회, 취미생활' 등 다양한 분야의 도서를 출간합니다. 바람직한 교육관을 세우고 나다움의 힘을 기르며, 세
상에서 소외된 부분을 바라봅니다. 첫걸고부터 책의 완성까지 늘 시대를 읽는 기획으로 책을 만들어, 넓고 깊
은 생각으로 세상을 살아 갈 수 있는 힘을 드리고자 합니다.

• 도서출판 사이다-사람과 사람을 이어주는 다리

사이다는 '사람과 사람을 이어주는 다리'의 줄임말로, 서로가 서로의 삶을 채워주고, 세워주는 세상을 만드는
데 기여하고자 하는 씽크스마트의 임프린트입니다.

• 천개의마을학교-대안적 삶과 교육을 지향하는 마을학교

당신은 지금 무엇을 배우고 싶나요? 살면서 나누고 배우고 익히는 취향과 경험을 팝니다. 〈천개의마을학교〉
에서는 누구에게나 학습과 출판의 기회가 있습니다. 배운 것을 나누며 만들어진 결과물을 책으로 엮어 세상
에 내놓습니다.

자신만의 생각이나 이야기를 펼치고 싶은 당신.
책으로 사람들에게 전하고 싶은 아이디어나 원고를 메일(thinksmart@kakao.com)로 보내주세요.
씽크스마트는 당신의 소중한 원고를 기다리고 있습니다.

아이의 생각 읽기

최순자 지음

사랑받기 위해 태어난 아이들

싱크스마트

사랑받을 권리

이 책은 처음 부모가 되어 양육하는 어려운 마음을 그 누구보다도 깊이 헤아리고, 아이의 발달과 성장에 필요한 것을 통찰의 눈으로 들여다보는 저자의 따뜻한 시선으로 가득 채워져 있다. 영유아 자녀가 있는 부모에게 꼭 필요한 것은 뭘까? 천 번, 만 번을 표현해도 넘치지 않는 것이 있다는 것을 알려준다. 그것은 바로 '사랑'이다. 세상의 모든 아이는 가장 존귀하고 사랑받기 위해 태어났기에 건강하게 살며 사랑하고 사랑받을 권리가 있다. 아이의 사랑받을 권리에 대하여 사랑하는 방법에 대한 길 없는 길에 등대가 될 것이다.

연화유치원 원장, 동국대학교 유아교육학과 겸임교수
안현정

**아이의
생각 읽기**

아이와 함께 하는 행복한 경험

이 책에는 소중한 아이들이 있어 우리의 밝은 미래와 아이들의 하하 호호 웃음소리로 부모님들께서 웃는 행복 세상이 열리도록 도움이 되는 내용이 가득합니다. 아이들은 지지와 격려, 관심 속에 사랑받고 존중받으며 성장해야 합니다. 이러한 내용을 담은 소중한 부모교육책이 발간되기까지 최순자 박사님 고생하셨습니다. 부모님들이 이 책을 읽고 아이와 함께 행복한 경험을 많이 하시고, 하루하루 행복하시길 바랍니다.

포천시육아종합지원센터 센터장, 사랑교육복지재단 인사위원장
전혜경

온전한 부모를 위한 안내서

나는 이 책을 한장 한장 넘기면서 준비되지 않은 무면허 부모 역할을 해온 오랜 세월을 회상하게 되었고, 눈물로 회개하는 성찰의 시간을 가졌습니다. 아직도 늦지 않은 부모 역할이 남아있음에 감사하면서, 이미 부모가 되신 분이나 결혼을 앞둔 젊은이들에게 이 책은 가장 균형 잡힌 가르침으로 온전한 부모라는 출구로 이끌어 줄 훌륭한 안내서이자 등불이 되어줄 것이라 믿습니다.

건강한현대어린이집 원장, 법무부 청소년범죄예방위원
김영숙

아이는 부모의 시간을 먹고 자란다

드디어 발간된 『아이의 생각 읽기』. 아이가 보내는 신호를 놓치고 싶지 않다면 이 책은 필수. 유아교육 관련하여 30년 넘게 연구하시고 현장에서 수많은 부모교육으로 부모의 고충을 누구보다 잘 아는 최순자 교수님이 발간하셨기에 책에 대한 내용은 더욱 믿음이 갑니다. 아이와 의미 있고 행복한 시간을 보내고 싶거나, 아이의 행동이 이해가 어려워 양육이 힘들어 그 원인을 알고 싶은 부모라면 교수님의 『아이가 보내는 신호들』 책도 읽기를 권합니다.

**아이의
생각 읽기**

충분히 사랑과 존중을 받고 자라야 할 시기에 부모가 아이의 신호를 알아차리지 못해 황금 시기를 놓치는 게 많이 아쉽습니다. 아이는 엄마의 시간을 먹고 자란다는 말처럼 우리 아이가 신호를 보내는 것을 놓치지 않고 발달 시기에 맞는 적절한 양육을 하고 싶은 부모님은 『아이의 생각 읽기』을 꼭 읽어보시길 바랍니다.

남양주남부경찰서어린이집 원장, 전 강원도보육정책위원
김정현

부모교육 필독서

오랜 시간 아이들과 함께하는 교육 현장에서 양육자가 갖는 자녀교육 문제점을 살펴보면, 자녀 사랑이 지나친 것과 선행학습의 과도한 교육열과 과잉보호로 영유아가 건강하게 성장해야 하는 시기를 놓치는 것입니다. 아이와 부모가 힘들어하는 사례를 종종 만납니다. 영유아 교육 관련된 전공자가 아니라면 영유아 발달에 대해 세세히 알기란 쉽지 않습니다. 저는 고민하는 분들의 상담을 마친 후 최순자 교수님의 전작 『아이의 마음 읽기』 책을 선정해 주어 양육자가 스스로가 자신을 돌아볼 기회를 안내해 왔습니다.

그를 통해 아이의 마음 읽기가 쉬워졌다는 분들의 얘기를 많이 들은 터라 다음 책을 기대하고 있었습니다. 마침 『아이의 생각 읽기』 제목으로 책이 나온다니 기쁩니다. 부모들을 돕는 태내기, 영아기, 유아기, 아동기 부모역할과 아이가 건강하게 성장 발달하는 데 필요한 다양한 사례가 담겨 있습니다. 부모뿐 아니라 교육기관 관계자 등 모두에게 도움이 되리라 봅니다. 이 땅의 아이들이 건강하게 자라게 할 좋은 부모교육서라 여기며 필독을 권합니다.

동국대학교 대학원 유아교육과 박사과정 수료, 한국영유아보육학회 회원
여선혜

아이가 진정으로 원하는 사랑과 존중

"사랑이 이긴다."는 최순자 교수님의 교육철학에 저 또한 진심으로 공감합니다. 그러나 내 아이를 사랑하지 않는 부모가 있을까요? 단지, 부모가 받아온 사랑의 모습으로, 부모가 생각하는 사랑의 방법으로 자녀에게 일방적인 사랑을 표현하고 있지는 않을지요? 이 책은 부모가 아닌 아이의 관점에서 '아이가 진정 원하는 사랑과 존중의 의미'에 대해 생각해 볼 수 있는 시간이 될 것이라 확신합니다.

가평군육아종합지원센터 보육전문요원, 국제아동발달교육연구원 간사
김재연

아이들을
사랑해야 하는이유

"나는 어린이와 청소년 돌보는 일을 20년 넘게 해왔다. 그래서 아이들에게 필요한 것은 오직 한 가지, 사랑받고 존중받는 것임을 안다. 아이들에게는 그럴 권리가 있다."

20여 년 동안 부모 없는 아이들과 함께한 폴란드 의사이자 작가였던 야누스 코르착의 말이다. 그는 의사였으나 폴란드 내전 중 전쟁고아를 실질적으로 돕기 위해 의사를 그만두고 아동시설을 운영했다. 그러다 200여 명의 아이들과 함께 나치에 의해 가스실에서 한 줄기 연기로 사라진다.

이후 그의 사상을 배경으로 생존권, 보호권, 발달권, 참여권이라는 아동의 4대 권리를 담은 유엔아동권리협약이 만들어졌다.

많은 교육 사상가를 만나왔지만, 그처럼 아이들을 사랑한 사람이 있을까 싶다. 서두의 말은 아이들을 위해 목숨까지 바친 그의 진심이다. 사랑받고 존중받고 싶은 아이들의 마음은 현재진행형이다. 존중은 사랑의 핵심이라 본다.

"사랑이 이긴다."

이는 교육에 임하는 나의 교육철학이다. 부모가 아이를 사랑하는 일, 교사가 아이를 사랑하는 것이 지도보다 중요하다는 의미이다. 부모나 선생님의 교육 경험을 생각해 보자. 기억나는 것은 말로 했던 지도보다 가슴으로 대해 준 사랑이지 않은가. 가르치려고 한 말보다 나를 사랑으로 대해 준 부모님, 선생님의 이미지가 떠오를 것이다.

　이 책에서는 이런 사랑을 전하는 부모가 되었으면 하는 마음을 담았다. 아이들을 사랑해야 하는 이유는 어린 시기 받은 사랑은 이후 인간발달에 긍정적, 결정적 영향을 미치기 때문이다. 사랑받는다는 믿음이 있을 때 부모의 말을 잘 듣고, 건강하게 자란다. 지도 이전에 관계 맺기를 잘해야 교육 효과가 있다.

　책 구성은 부모가 된다는 것, 내 아이 행동 이해하기, 사랑받고 존중받고 싶은 아이들, 부모가 변해야 아이가 좋아진다의 4장으로 되어 있다. 내용은 『아이가 보내는 신호들』(2015), 『아이의 마음 읽기』(2021) 이후 2021년부터 2022년까지 2년간 진행한 부모교육, 대학과 대학원 강의, 어린이집 원장 및 교사 교육과 특강과 일상 속 관찰 등에서 나온 아이들 발달에 관한 65개의 생생한 사례이다. 아이 행동을 사례로 쉽게 이해할 수 있을 뿐 아니라 아이 마음을 알고 해결책도 얻을 수 있을 것이다.

　어려운 여건에서 출간해주신 김태영 대표님과 꼼꼼하게 교정을 봐주신 신재혁 편집자님 외 관계자분과 추천사를 써주신 분,

**아이의
생각 읽기**

사례 제공자분께도 감사드린다. 부모뿐 아니라 예비교사를 포함하여 영유아 교육 관계자 모두가 읽었으면 한다. 사랑받는 아이들의 웃음소리가 세상의 희망이기 때문이다.

무서운 호랑이해를 마무리하며

최 순 자

목차

♥ 2장. 내 아이 행동 이해하기

♥ 3장. 사랑받고 존중받고 싶은 아이들이 보이는 행동

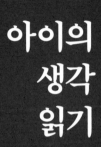

아이의
생각
읽기

1장

부모가
된다는 것

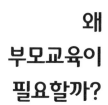

왜
부모교육이
필요할까?

"아이에게는 부모가 처음 만나는 대상이기에 제일 중요한 시기인 영유아 발달에 도움이 되기 위해 부모교육이 꼭 필요하다고 생각합니다."

"핵가족시대에 양육을 하면서도 아이 발달에 대해 잘 모르는 부모가 많기에 부모교육이 필요한 것 같습니다." "아이의 주양육자는 부모이며 아이의 성장 발달에 가장 많은 영향을 미치는 부분도 부모이기 때문이라 생각합니다." "부모의 양육이 아이의 행복과 밀접한 관계가 있기 때문이라고 생각합니다."

"아이를 출산한다고 해서 육아에 관한 지식이 저절로 생기는 건 아닌 거 같아요. 먹이고 재우고 등의 기본적인 욕구 해결 외에 아이와 소통, 아이의 사회성 발달 등이 부모의 주관적인 생각이 아니라 객관적인 관찰과 관심이 필요하다고 생각합니다.”

“부모로서 자신의 모습을 객관적으로 바라보도록 돕고 아이의 현 상태를 파악하여 아이를 잘 양육하기 위해 필요한 것 같습니다.”

〈보육학개론〉 강의 시간에 '부모교육'을 주제로 수업하면서 예비보육교사들에게 '왜 부모교육이 필요하겠는가?'를 물었더니 대답한 내용들이다. 모두 부모교육의 필요성을 말해주고 있다. 나는 대학원 석사와 박사 논문으로 부모교육 관련 내용을 연구했다. 석사는 '엄마의 양육태도와 유아의 사회성 발달', 박사는 '부모의 양육태도와 유아의 사회도덕성 발달을 한국과 일본 비교'를 했다.

도쿄 유학 시 처음 논문 주제를 정할 때의 일이다. 일본 대학원 운영은 우리나라와 조금 다른 점이 있다. 논문을 지도해 줄 지도교수를 우리나라처럼 학과에서 정하는 게 아니라, 학생이 선택한다. 그러다 보니 한 교수 밑에 비슷한 주제를 연구하겠다는 학생들이 모인다. 나는 유아심리 중 유아의 사회성 발달을 지도해줄 교수를 택했다. 지도교수 과목 시간에는 처음부터 어떤 연구를 할지

**아이의
생각 읽기**

에 대해 발표한다. 나는 처음에 교사가 아이의 바람직하지 않은 행동에 대해 왜 그런 행동을 하면 안 되는지 잘 설명해주는 것, 즉 적절한 개입과 상호작용에 관한 연구를 하고 싶었다.

내 첫 발표를 들은 지도교수는 학부 때부터 지도한 일본 학생에게 말했단다. "이번 학기에는 내가 최 상(씨)을 위해 별도로 과목을 개설해야겠다. 대신 듣는 학생 모두에게 학점을 부여하겠다." 라고. 그 과목은 바로 〈부모양육〉이라는 두꺼운 영어로 된 원서 강독 시간이었다. 나는 영어를 일본어로 번역해서 발표해야 했다. 시간이 많이 소요되어 대학원 연구실에서 밤새웠던 적이 많았다. 어느 날은 밤새 번역한 문장이 컴퓨터에서 사라져버려 황망했던 경험도 있다.

논문지도 교수는 직접적으로 언급하기보다 간접적으로 아이 발달 중 사회성 발달은 교사보다 부모가 더 중요하다는 것을 나에게 일깨워주고 싶었던 것이다. 한 권의 부모양육에 관한 이론서를 토대로 체계적인 지도를 통해 공부한 결과, 아이 발달에는 교사도 중요하지만, 부모가 왜 중요한지를 확실하게 알게 된 계기였다.

내 석사논문의 연구 결과는 부모가 인지적으로 지도하기보다 감정적, 다시 말해 따뜻한 정서로 지도하는 것이 아이 발달에 더 긍정적인 영향을 끼친다는 것이었다. 내가 늘 강조하는 "지도보다 사랑이 이긴다."였다. 박사 논문은 질문지 조사뿐 아니라 한국과 일본 부모 60명을 인터뷰한 결과, 아이 발달에는 부모의 수용적이고 민주적인 긍정적 양육태도도 중요하지만, 부정적인 양육태도를 취하지 않는 것이 더 중요하다는 것이었다. 부모의 긍정적 양육태도가 아이 발달에 플러스 80이었다면, 부모의 부정적 양육태도는 마이너스 95 정도였다.

부정적 양육태도는 '애정철회'라는 양육태도로 아이 입장에서 부모가 자기에게 별로 관심을 갖지 않는다고 느끼거나, 좋아하지 않는다고 느끼는 태도이다. 이 연구를 통해 알게 된 것은 아이 발달에 가장 바람직하지 않은 것은 부모가 부정적인 태도를 취하는 것이다. 이는 사회문제를 통해서도 알 수 있다. 사회적으로 문제를 일으킨 사람의 대부분은 어린 시절 사랑을 제대로 받지 못했다는 것이다. 부모가 아이 발달에 중요한 시기에 아이를 진정성 있게 사랑해야만 하는 이유이자, 왜 부모교육인지 자명한 이유이기도 하다.

**아이의
생각 읽기**

아이 발달에는 부모 역할이 중요하다

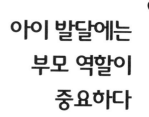

"수업 중 아이가 가장 사랑받고자 하는 사람은 부모이다, 부모를 놓쳐서는 안된다는 내용이 가장 인상 깊었습니다. 제가 어린이집 교사로 근무하게 된다면 부모와 함께 의논하면서 아이와 성장할 수 있는 교사가 되고 싶습니다."

"부모와 아이의 애착과 상호작용이 얼마나 중요한지 알게 되었고, 교수님이 말씀하신 '아는 만큼 보이고 느낀 만큼 보인다'는 말씀이 인상적이고 마음에 남았습니다 아이의 시선과 입장에서 생각하는 교사가 되도록 노력하겠습니다."

"영유아 발달 및 지도의 강의를 들으면서 가장 많이 들었던 말이 부모와의 상호작용이었던 거 같아요. 현대에 들어서면서 아이의 보육의 중요성이 강조되고 어린 나이에도 어린이집에서 보육하는 아이들이 많아지고 있습니다. 당연히 보육 시간도 길어지게 되면서 부모만큼이나 보육교사와의 상호작용의 중요성도 알게 되었습니다. 보육교사가 된다면, 단순한 직업인이 아니라 나로 인해 아이의 미래가 달라질 수 있다는 것을 항상 염두에 두고 책임감을 가져야겠다는 생각을 했어요."

"영아기에 가장 중요한 것은 애착이라는 것과 이후 지속적으로 영향을 미친다는 것이 매우 인상 깊었습니다. 저의 어린 시절을 돌아보면서 주변을 바라볼 때도 학습한 내용을 함께 생각할 수 있었고, 앞으로 나아갈 방향도 고민을 많이 한 수업이었습니다. 부모교육을 하기 위해서 공부를 많이 해야될 것 같고 인내할 수 있는 교사가 되어야겠다는 생각을 합니다."

"한 아이가 성인으로 잘 자라는 데는 부모와 교사 역할이 매우 중요함을 깨닫게 되었습니다. 아이를 행복하게 해줄 수 있는 교사가 되겠습니다."

예비보육교사를 대상으로 〈영유아발달 및 지도〉 강의 종강 시 수강생들 소감이다. 내가 강조했던 영아기 애착발달, 부모 역할의 중요성, 교사로서의 책임감 등을 말하고 있다. 이 중에서 가장 중요한 것은 부모 역할이다. 아이 발달의 키워드인 영아기 애착형

**아이의
생각 읽기**

성도 결국 부모와의 관계에서 비롯되기 때문이다. 그러므로 교사는 부모를 놓쳐서는 안 되고, 또 교사로서 역할은 부모와 같은 역할을 해야 한다.

부모들도 사정상 어린이집에 아이를 맡기지만, 아이에게 가장 중요한 사람은 자신이라는 생각, 아이가 가장 사랑 받고 싶어하는 사람도 자신이라는 생각을 잊지 말아야 한다. 직장을 다니더라도 아이를 늦게까지 어린이집에 맡기기보다 가능하다면 조금이라도 더 일찍 아이를 데리러 가야 한다. 아이 발달과 아이 마음을 잘 모르는 부모 중, 자기 할 일 다 하고 늦게 어린이집으로 가서 아이를 데리러 오는 사람도 있다. 전작 '아이가 보내는 신호들' 출판기념회에 참석했던 어린이집 원장 한 분이 부모교육 강사로 초대했다. 그때 이런 얘기도 들려줬다. 그랬더니 1주일 정도 지나 원장에게서 전화가 왔다. 부모들이 아이들을 데려가는 시간이 한 시간에서 한 시간 반 정도 빨라졌다는 것이다.

그런 의미에서 어린이집 원장이나 교사의 역할이 중요하다. 왜냐하면 부모들에게 아이 마음을 전해줄 전문가이기 때문이다. 서천석 소아정신과 의사는 부모는 아이에게 "내 마음은 네 편이야."

라는 메시지를 전해야 함을 강조해야 한다. 또 그는 "아이를 위해서가 아니라, 아이와 함께라는 생각을 갖고 부모가 할 수 있는 일을 하라."고 조언한다. 부모들은 아이에게 가장 위대한 존재는 바로 자신임을 알고, 아이가 그 위대함을 맘껏 누리게 해주어야 한다.

아이의
생각 읽기

어른이 먼저
자신의 상처를
들여다봐야
한다

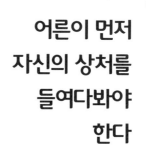

"나를 먼저 점검하겠습니다. 열심히 공부할 도전을 받았습니다. 아이들이 회복될 수 있다는 희망을 가집니다. 고마운 인연입니다."

"'결자해지' 상처를 줬던 사람이 그 상처를 해결한다는 생각이 들었습니다."

"부모가 바뀌면 아이가 변한다는 진리를 다시 생각하는 시간이었습니다."

"애착관계가 영아기 때 잘 이루어져야 건강한 아이로 자랄 수 있다는 것을 알았습니다. 아이돌보미로 활동을 할 때 부모님과 많은 대화를 하여 잘 돌보겠습니다."

방학 중 특강으로 한국건강가족진흥원 아이돌보미 양성과정 강의를 했다. 내가 맡은 과목 중 〈영아기 발달 이해〉와 〈영아와의 애착관계 형성 이해〉 강의 후 소감이다. 영아기에 중요한 애착형성을 위해서는 어른이 먼저 건강해야 한다는 것과 애착이 이후 발달에도 영향을 준다는 강의 내용을 잘 파악하고 있다.

　　강의 대상은 경기 지역에 사는 30여 명이었다. 연령대는 40대에서 60대까지였다. 이 연령대의 성장기를 생각해 보자. 부모들은 일제강점기에 태어난 분도 있다. 미군정 시기를 거치고 6·25전쟁을 겪었다. 전쟁 후부터 70년대까지는 절대적 가난의 시기였다. 80년대는 경제성장기라 볼 수 있다. 대부분의 부모는 먹고살기 바빠 자녀들을 알뜰살뜰 살필 여유가 없었다. 그런 양육환경에서 자란 어른들인 부모나 교사 속에 자리 잡은 어린 시절의 아이, 내면아이는 어떨까?

　　강의 도중 잠깐 호흡을 가다듬고, 눈을 감게 한 후 내면아이 탐색을 해봤다. 다행히 행복한 아이인 경우가 3분 2 정도였다. 나머지 3분의 1 정도는 화나고 무섭고 슬픈 내면아이를 갖고 있었다. 부모교육을 가서 부모를 대상으로 내면아이 탐색을 할 경우도 비

**아이의
생각 읽기**

숫한 비율이다. 다시 말해 부모나 교사의 어린 시절이 행복하지 않아, 부정적인 아이가 내면에 자리 잡은 경우도 꽤 있다는 것이다. 이런 부모나 교사가 아이를 행복하게 양육하기 쉽지 않다. 먼저 부모나 교사가 자기 내면에 있는 아이를 보살필 필요가 있다. 그렇게 부정적인 내면아이가 자리 잡은 게 자신의 잘못은 아니다. 그러므로 자신을 위로해야 한다. 만약 나를 화나게 하고 무섭게 하고 슬프게 한 당사자를 만날 수 있다면 만나서 풀어야 한다. 그때 왜 그랬느냐고 묻고, 이유를 듣고 이해할 것은 이해하고 용서받을 것은 용서받아야 한다. 그래야 내 속의 내면아이가 편안해질 수 있다.

작가 정여울은 "내면아이는 성인자아의 위로와 조언을 필요로 하는 '자기 안의 그림자'이자 '자기 안의 숨겨진 햇빛'이기도 하다. 그러니까 내면아이는 '우리 안의 가장 어두운 상처를 안고 있는 존재'면서 동시에 '우리 안의 가장 빛나는 가능성을 품은 존재'이기도 하다."라고 한다. 또 "내면아이를 다독이면 내 안의 순수성과 잠재력이 눈부시게 성장하지만, 내면아이를 방치하면 트라우마는 더 심화된다. 우리는 자기 안의 내면아이를 꼭 안아주고 햇빛 가득한 세상 속으로 데려와야 한다. 해원(解冤)을 끝내지 못한 응어리가 가슴에 켜켜이 쌓여 우리 영혼의 중심부에서 화약고처럼 폭발해버

리기 전에."라고 내면아이를 보살필 것을 강조한다.

내면아이 돌봄을 통해 아이를 양육하는 부모나 교사가 편안하고 담담해져야 한다. 그 편안함으로 아이를 대하고 만나야 한다. 그렇지 않으면 나도 모르게 내 속의 내면아이가 아이에게 향할 수 있다. 특히 부모·자녀 관계는 무의식이 나와 양육의 대물림으로 갈 수 있다. 어른들의 내면아이 탐색을 위한 프로그램이 국가 차원에서 이루어지는 것을 바라고 있는 이유이기도 하다. 아이들을 잘 양육하기 위해서는 어른들이 먼저 행복해야 하기 때문이다.

**아이의
생각 읽기**

결혼 동기와
아이 양육

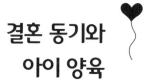

"제가 가지지 못한 장점이 많은 사람이라 결혼하게 되었습니다."

"친구들과 커플로 한라산 올라가는데 끝까지 포기하지 않고 오르더군요. 끝까지 제 손 잡고 올라가는 모습 보고 힘든 일 있어도 포기하지 않겠구나 싶어서 결혼했어요." "착하고 성실함을 보고 결정했습니다."

"같이 살면 재밌을 것 같아서 결혼했습니다." "혼전 임신으로 결혼했고, 지금 독박육아 중입니다."

〈부모교육〉 과목으로 성인 대상 예비보육교사 교육 과정에서 결혼 동기에 대해 물은 시간에 나온 답변들이다. 얘기를 듣는 중 '행복한 결혼생활을 하고 있구나.'라는 느낌이 오는 분의 답변이 첫 번째이다. 자신이 가지지 못한 장점이 있고 뭐든지 자신을 지원해 준다고 했다. 미국의 저널리스트이자 가정상담자였던 수잔 포워드는 이렇게 말했다. "가장 좋은 부부관계는 각자 자신이 가진 장점과 강점을 더욱 풍요롭게 확장해 주는 관계이다." 바로 이 유형에 속하는 부부로 보였다.

두 번째 대답한 분은 덧붙여서 말하기를 "지나치게 적극적이고 끝까지 포기하지 않는 것이 좋지만은 않더군요. 살다 보면 조금 쉬었다 가고 싶을 때도 있는데, 무조건 밀어붙이는 편이에요. 그래서 제가 벅차고 힘들 때도 있어요."라고 했다. 이해가 간다. 삶이라는 게 무조건 앞만 보고 가는 것 보다, 때로는 옆도 보면서 해찰할 때 그 나름대로 맛이 있지 않던가. 마치 윤석중 선생 시 '넉 점 반' 처럼. 다음은 시 전문이다.

아기가 아기가 / 가겟집에 가서 / 영감님 영감님 / 엄마가 시방 / 몇 시냐구요 / 넉 점 반이다

넉 점 반 / 넉 점 반 / 아기는 오다가 물 먹는 닭 / 한참 서서 구경하고

넉 점 반 / 넉 점 반 / 아기는 오다가 개미 거둥 / 한참 앉아 구경하고

넉 점 반 / 넉 점 반 / 아이는 오다가 잠자리 따라 / 한참 돌아다니고

아이의 생각 읽기

넉 점 반 / 넉 점 반 / 아기는 오다가 / 분꽃 따 물고 나나리 나나나 /
해가 꼴딱 져 돌아왔다
엄마 / 시방 넉 점 반이래

세 번째 대답한 분은 수강생 중 나이가 가장 많은 60대에 접
어든 분이다. 네 번째 대답한 분은 20대 젊은 분이다. 두 사람의 대
답은 세대 차를 보여준다. 예전에는 '착함', '성실'을 사람 보는 기준
으로 가치를 뒀다면, 요즘은 '개그 코드'를 중요하게 여긴다는 신세
대 감각을 드러낸다. 나도 나이 든 세대로 '착함'과 '사회적 활동을
하는 사람으로 존경할 수 있는' 가치관이 맞는 사람을 생각했었다.
마지막 다섯 번째 대답한 분의 얘기가 결혼 동기와 아이 양육과의
관계를 가장 잘 드러낸다. 혼전 임신으로 어쩔 수 없이 결혼했다고
한다. 그러다 보니 혼자서 독박육아를 하고 있고, 30여 개월 아이
와의 관계도 편안하지 않음을 고백했다.

자녀를 둔 부모라면 결혼 동기를 생각해 봤으면 한다. 다행
히 긍정의 결혼 동기를 가졌다면, 힘든 일이 있을 때 그 동기를 되새
겨 보고 마음을 다시 붙잡았으면 한다. 만일 마지막 혼전 임신으로
결혼했다는 수강생처럼 부정의 결혼 동기로 계속 부정적 생각을 한
다면 아이에게 어떤 영향을 미치겠는가를 생각해 봤으면 한다. 결

론은 명확하다. 생각을 바꿔 아이와 좋은 관계를 갖도록 해야 한다. 그래야만 아이가 정신적으로 건강하게 자랄 수 있기 때문이다.

　　육아 연구자 유안진은 결혼이란 이상이 아니라 현실로써 일생의 가장 중요한 과업으로 본다. 그러면서 성공적인 결혼이 되기 위해서 결혼을 하기 전에 준비해야 함을 강조한다. 결혼이 무엇을 뜻하는지 가능한 한 모든 것을 배워야 하고, 사랑은 서로에 대해 잘 알고, 이해하고 모두 용납해야 함 등을 전한다. 여기서 말하듯이 상대를 잘 알고, 이해하고 모두 용납한다는 게 쉽지는 않을 터지만 노력은 해야 한다는 걸 깨닫게 한다.

**아이의
생각 읽기**

태내기
부모 역할

"존재 자체가 귀하다는 생각과 산모가 스트레스 받지 않고 건강하게 지내면서 검진과 영양 섭취를 잘해야 한다고 봅니다."

"태교와 아이와의 교감도 중요하지만, 행복한 엄마가 되는 것이 중요하다고 생각합니다."

"좋은 음식과 좋은 생각을 하며 아빠의 음성을 들려주는 것도 필요할 것 같습니다."

예비보육교사 대상 〈부모교육〉 강의에서 '태내기 부모 역할'을 조별로 토의하게 했다. 토의 후 세 개 조의 의견이다. 대부분 성인 학습자로 자녀 양육 경험이 있다. 그러다 보니 각자의 경험이 녹아 있는 의견이고 다 맞는 얘기다. 첫 번째 의견 중 '존재 자체가 귀하다는 생각'은 내가 부모를 대상으로 하는 부모교육 때 얘기하기도 한다. 정자와 난자가 만나는 일, 착상을 통한 임신, 한 생명체로 태어나는 것, 모두 높은 경쟁률을 뚫는다. 이 세상이 단 한 생명도 그냥 태어난 존재는 없다.

'산모가 스트레스를 받지 않고 건강하게 지내기', '행복한 엄마'는 같은 의견으로 볼 수 있다. 무엇보다 산모가 심리적으로 편안해야 한다는 것을 잘 말해주고 있다. 탯줄 하나로 태아는 엄마와 연결되어 있다. 엄마가 스트레스를 받게 되면 태아에게 좋지 않은 영향을 줄 것은 뻔하다. 그러므로 예비교사들이 중요하게 여겼듯이 엄마 마음이 편해야 한다.

'검진과 영양 섭취' 역시 중요하다. 일반적으로 정기검진은 임신 7개월에까지는 매달 한 번, 8~9개월에는 한 달에 두 번, 마지막 아이가 출생할 10개월 때는 1주일에 한 번 하는 게 바람직하다고 알려져 있다. 또 산모는 적절한 영양 섭취와 충분한 수면으로 최적의 태내 환경 유지해야 한다.

**아이의
생각 읽기**

'좋은 음식과 좋은 생각'은 잘 알려진 태교를 의미한다. 태교에 대해서는 목천현감 유한규의 아내이자 4남매의 어머니 이사주당(1739~1821)이 쓴 조선시대 유일한 태교 서적으로 보는 〈태교신기〉에 잘 나타나 있다. 이 책은 그동안 태교가 산모 혼자 책임져야 하는 몫으로 생각했던 것을, 가족이 함께해야 함을 전한 것으로 평가받는다. 그는 "엄마 뱃속에서 열 달이 이후 10년보다 중요하다."라며 태교를 강조했다. 또 "어미 병이 곧 자식 병이 된다."라며 현대 의학적 견해도 밝혔다.

아이를 낳는 자세에 대해서는 "아파도 몸을 비틀지 말고 엎드려 누우면 해산하기 쉽다."라고 적고 있다. 사주당의 태교 목표는 오늘날 강조하는 '인성'을 갖춰 군자로 만드는 것이었다. 이런 어머니의 태교 영향을 받은 것일까. 그의 아들 유희는 〈언문지〉 외 100여 권의 저서를 남긴 실학자이자 언어학자이다. 〈태교신기〉도 사주당이 62세에 쓴 내용을 20년이 지나 유희가 편집한 책이 전해지고 있다.

〈태교신기〉에는 예비보육교사들이 말한 "아빠의 음성을 들려주는 것도 필요하다."에 대한 내용도 나온다. "스승의 가르침

10년이 어머니의 뱃속 교육의 10개월만 못하고, 어머니의 10개월 교육이 아버지가 잉태시키는 하루를 삼가는 것만 같지 못하다."라고 했다. 고 임종렬 박사는 1960년대 미국에 건너가 발달임상학을 공부하고, 그곳에서 상담가, 임상가 활동을 하다 국내에 귀국했었다. 그는 대상중심이론을 다룬 〈모신〉에서 "어머니가 편해야 세상이 편하다."를 강조한다. 그러면서 아버지의 역할은 '병풍'처럼 엄마를 편안하게 해야 한다고 본다.

지난해 기록활동가들과 어르신들이 어떻게 자녀 양육했는지를 인터뷰한 내용을 정리해서 책(파주에서 부모로 살다)으로 냈다. 그때 한 어르신이 "임신하고는 절대 살생하지 않았다. 닭을 잡을 일이 있으면 이웃에게 부탁했다.", "아이가 태어난 후 대문에 금줄을 낮게 쳐 두었다."라고 했다. 역시 조상들은 태교를 중요하게 생각했고, 면역력이 약한 신생아를 위해 아무나 집안에 들어오지 못하게 했던 지혜가 있었다. 내가 태아였을 때 어땠을까를 최근 구순 노모에게 물어보았다. 그해는 역사 기록에 나올 정도로 큰 홍수가 3개월 정도 있었다. 먹을 것은 없고, 무슨 연유인지 엄마 젖이 딱딱하게 굳었다고 한다. 한의원을 갔더니 '열병'이라 했단다. 그런 환경에서도 내가 건강한 것은 엄마와 아버지의 노력이 있지 않았을까

**아이의
생각 읽기**

생각해 본다.

　　이사주당이 〈태교신기〉에서 "스승의 가르침 10년이 어머니의 뱃속 교육의 10개월만 못하고, 어머니의 10개월 교육이 아버지가 잉태시키는 하루를 삼가는 것만 같지 못하다."라는 기록이 인상적이다. 아이들 발달을 위해서는 예비 부모교육이 필요함을 역설하고 있는 듯하다. 21세기를 살아가는 내가 중요하게 생각하는 것을 지혜로운 조상은 이미 220여 년 앞선 19세기 초에 강조했다. 그 지혜를 실천하는 것이 후대가 할 일이지 않을까 싶다.

영아기
부모 역할

"아이와 안정애착 형성을 위해 교감과 신체접촉을 많이 해주어 아이에게 안정감을 주는 부모가 되어야 할 것 같다."

"즉각적인 상호작용을 해주어야 한다."

"면역력을 키워 신체적으로 건강하게 해주고 상호작용을 잘해주어야 할 것 같다."

예비보육교사 대상 〈부모교육〉 강의 시간에 '영아기 부모역할'에 대해 토의하게 했다. 토의 결과 나온 내용이다. 어린이집 반 구성 시 출생 후 12개월까지를 만 0세 반, 13개월에서 24개월까지를 만 1세 반, 25개월부터 36개월까지를 만 2세 반이라 한다. '영아'라 함은 이 시기의 아이들을 말한다.

**아이의
생각 읽기**

영아기는 출생 후 인간발달에서 신체, 언어, 사회·정서 등의 발달에서 가장 급격한 성장과 발달을 보이는 시기이다. 그래서 발달심리학자들은 이 시기를 '성장 급등기'로 보고 중요한 시기임을 강조한다. 우리 조상들도 '세 살 버릇 여든 간다'라는 속담에서 보이듯이 영아기를 중요시했다. 잘 알려진 정신의학과 전문의 이시형 박사는 전작 〈아이가 보내는 신호들〉 추천사에서 "사람의 기본 바탕이 만들어지는 생후 3년을 어떻게 보내느냐에 따라, 아이의 평생이 좌우된다."라고 했다. 특별히 그는 '평생'이라는 말을 내게 강조했다. 실존주의 정신분석학자 이승욱 박사는 상담실에서 많은 사람을 만나는데, 내담자의 특성을 살펴보면 어린 시절, 다시 말해 3세까지의 부모자녀 관계의 문제라는 공통분모로 갖고 있다고 했다. 그러면서 그는 "3세까지 잘못된 양육은 치명적이다."라고까지 했다. 우리가 언어적 구사를 할 때 '치명적'이라는 말은 거의 사용하지 않는다. 얼마나 부정적으로 큰 영향을 미치면 그렇게 표현했는가를 생각해 볼 수 있다. 정신분석학자 런던대 피터 포나기 교수도 "아이가 태어난 후 천 일 동안 관심을 기울인다면 그 아이가 앞으로 살아갈 인생에 큰 도움이 될 것이다."라며 생후 3년의 질적인 양육을 강조했다.

영아기 부모 역할 중 가장 중요한 것은 예비보육교사들이 모두 들고 있는 '안정애착 형성'이다. '신체접촉' '즉각적 상호작용' '상호작용 잘해주기'도 결국 안정애착 형성을 위한 조건이다. 여기에 두 가지 정도 안정애착 형성을 위한 조건을 더 든다면, '민감한 반응'과 '정신화 증진'이다. '민감한 반응'은 아이가 뭘 원하는지, 아이의 관심과 흥미를 알고 그에 맞는 상호작용을 하는 것이다. 나는 교육 현장에서 중요하게 여기는 '상호작용' 앞에 '반응적'이라는 말을 넣어 '반응적인 상호작용'으로 하자고 제안한다. '정신화'라는 개념은 앞에서 언급한 포나기 교수가 만든 개념으로 '다른 사람의 행동이 어떤 감정, 어떤 의도에서 나오는지를 이해하는 능력이 형성되는 과정'을 말한다. 그는 정신화 능력은 양육자와 애착형성이 잘 되었을 때 더 잘 발달한다고 했다. 따라서 애착형성이 잘 되면 다른 사람과의 관계도 잘 해나갈 수 있다는 것을 의미한다.

애착형성 외에 영아기 부모 역할은 언어발달 촉진, 습관형성, 기본개념 형성, 신체운동 발달 등을 들 수 있다. 언어발달은 들어야 말을 하는데, 대뇌피질에서 청각 영역이 가장 민감할 때가 이 시기다. 그런데 아무 소리나 민감하게 듣는 게 아니라 사람의 목소리, 그중에서도 높은 톤의 여성의 목소리로 밝혀졌다. 그러므로 다른 기계음보다 얼굴을 보며 목소리로 상호작용을 해주어야 한다. 상호작용을 하되 앞에서 얘기했듯이 반응적인 상호작용으로 아이가 관심과 흥미를 보이는 것을 확장하여 말해 줄 필요가 있다. 습관형성은 식사, 수면, 위생 등에 대해 신경 써서 아이 몸에 익숙해지도록 해야 한다. 기본개념 형성은 설명이 아닌 보여주고, 만지게 하고, 들려주고, 맛보게 하고, 냄새 맡게 하는 등 감각적인 방법으로 접근해야 한다. 신체운동은 신체적 건강뿐 아니라 뇌 발달과도 관련된다. 영아기는 뇌 신경세포가 성인의 약 80%까지 도달하는 시기이다. 그런데 뇌는 감각과 운동중추로 연결되어 있다. 그 때문에 신체운동 활동도 중요한 시기이다.

슬기로운 조상들이, 한국뿐만 아니라 세계적인 학자들이 가장 중요하게 여기는 시기가 영아기이다. 안정애착 형성, 언어발달, 습관형성, 개념형성, 신체운동 발달 등을 도와야 할 때이다. 부모는 영아기의 내 아이 발달이 이후 지속해서 영향을 준다는 사실을 잊지 말고 시간과 정성을 들여야 할 때이다.

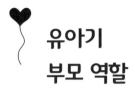

유아기
부모 역할

"부모는 아이의 거울입니다. 좋은 부모의 모델을 보여주며 다양한 경험을 제공해야 합니다." "부모의 좋은 모습을 많이 모델링 해주고, 생활습관도 바로 잡아주는 것이 중요하다고 생각합니다." "또래 관계 형성이 잘 되도록 해주고, 잘 들어주면서 그림책을 많이 읽어주는 역할이 필요합니다."

〈부모교육〉과목 강의 시간에 조별 토의 후 예비보육교사들이 전한 유아기 부모 역할이다. 모두 맞는 얘기다. 유아기는 만 3세부터 초등학교 입학 전까지이다. 자녀 양육을 한 경험이 있는 성인 학습자가 많다 보니 자신들의 경험도 고려한 내용이다. 이들은 유아기 부모 역할로 부모가 모범을 보여야 한다는 것을 강조했다.

‘아이는 부모의 등을 보고 자란다’는 말이 있다. 부모가 "이래라저래라."라고 말하는 대로 아이는 행동하지 않는다. 때로는 잔소리로 인지할 수 있다. 듣는 척은 하지만 행동으로 옮기지 않을 수도 있다. 아이는 부모가 하는 행동을 보고 자연스레 따라 한다.

몬테소리 교육을 창시했던 이탈리아 교육학자 마리아 몬테소리는 이런 아이의 특성을 '흡수정신'이라 했다. 즉 스펀지가 물을 빨아들이듯이 부모의 행동을 보고 자기 것으로 만든다는 것이다. 그는 흡수정신을 무의식적인 흡수기, 의식적인 흡수기로 나누었다. 영아기는 무조건 환경을 있는 그대로 흡수하는 무의식인 흡수기라 했다. 유아기는 아이가 나름 취사선택하는 의식적인 흡수기로 봤다. 영국 런던대학교 정신분석학자 피터 포나기 교수는 "엄마는 아이의 거울이고, 아이는 엄마의 거울이다."라고 했다. 그는 안나 프로이트 아동발달센터장으로 학대받은 아이들을 치료하기도 한다. 임상 경험을 토대로 부모가 아이를 강압적으로 대하면 아이는 타인을 강압적으로 대하게 되어 성폭력, 학교폭력 등의 행동으로 나타날 수 있음을 경고했다.

예비보육교사들이 유아기 부모 역할로 말했던 '또래 관계 형성'도 중요한 부모 역할이다. 인지발달 연구자로 잘 알려진 스위스의 장 피아제는 유아기 인지발달에 또래와의 상호작용이 중요하다고 봤다. 아이는 기본적인 인지구조를 갖고 태어난다. 그 기본 능력을 바탕으로 인적 환경인 또래와 협동, 갈등을 통해 자기 생각과 같은 부분은 받아들여 동화시키고 다른 부분은 조절해가면서 인지를 발달시킨다는 것이다. 그런 의미에서 이 시기 또래 관계 형성은 중요한 의미가 있다.

'책을 많이 읽어주는 역할'은 아이의 언어발달과 관련된다. 유아기는 표현력이 '폭발적'이라고 할 수 있다. 언어 이해력도 높아진다. 그러므로 이 시기에 그림책을 읽어주는 역할은 중요하다. 단 그냥 읽어주는 것으로 끝내지 말고 책 내용에 대해서, 또 다음 전개는 어떻게 될지 등에 얘기를 나눈다면 표현력뿐만 아니라 상상력도 키워줄 수 있다.

예비보육교사들이 토의한 결과 내놓은 유아기 부모 역할 외에 두 가지만 더 말하자면 첫째는 정신분석학 관점에서 같은 성의 부모 역할의 중요성이다. 남자아이는 아빠, 여자아이는 엄마의 역할이 중요하다는 것이다. 프로이트는 콤플렉스 개념을 만들어 아

**아이의
생각 읽기**

이들은 같은 성 부모의 행동과 심리를 그대로 자신의 것으로 내면화한다고 봤다. 두 번째는 기본운동능력의 민감기라는 사실을 알고 아이들에게 뛰고, 달리고, 던지고 등의 기본운동 경험을 제공해야 한다는 것이다. 민감기란 그 시기에 특정 행동이 잘 발달한다는 의미이다. 기본운동능력 발달에 대해서는 도쿄 유학 시 유아 운동심리 전공 교수가 유아기 발달로 가장 강조했던 내용이기도 하다.

11일간 인도에 머문 적이 있다. 그때 마하트마 간디 박물관도 방문했는데 박물관 입구에 '나의 삶이 나의 메시지이다.'라고 적혀 있었다. 내 아이가 유아기라면 부모가 먼저 모범을 보여 이슬을 내려주고, 놀이를 할 수 있는 또래를 만들어주고, 그림책을 읽어주고, 같은 성별 아이에게 각별히 더 신경 쓰고, 다양한 운동을 함께해야 한다. 그래야 심신이 건강한 아이로 자랄 수 있음을 알고 실천하길 기대한다.

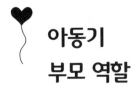

아동기
부모 역할

"교육적 도움을 주고, 아이의 감정을 읽어서 소통을 잘하는 역할이 필요합니다."

"아이와 많은 대화를 통해 마음을 읽어주는 것이 중요한 것 같습니다."

"부모가 잘못했을 때는 빠르게 인정하며 진심 어린 사과를 하고, 소속감도 느끼게 해주어야 합니다."

예비보육교사 대상 〈부모교육〉 강의 시간에 '아동기 부모 역할' 조별 토의 후 의견들이다. 아동기는 초등학생 시기를 말한다. 자녀 양육을 해 본 성인 학습자들이 많아 경험적인 얘기들도 들어 있다. 내놓은 의견 중 '아이와 대화를 통해 마음과 감정 읽어주기'

아이의
생각 읽기

가 많았다. 전작 〈별을 찾는 아이들〉은 초등학교를 찾아가 아이들을 인터뷰한 후 쓴 동화이다. 동화를 쓰면서 초등학교에 오랫동안 근무하고 있는 교사에게 아이들 고민을 알려달라고 부탁했다.

　　"아이들과 지내면서 느낀 점은 아이들 하나하나가 다른 것처럼 고민도 다양하더군요. '방과 후에 학원에 가고 학원에서 내주는 숙제까지 하다 보면 하고 싶은 걸 할 수 있는 시간이 없다. 학원을 그만두고 싶지만, 부모님의 기대가 있어 그만둘 수 없다.', '공부를 잘하고 싶고 부모님과 선생님께 칭찬받고 싶은데 공부가 너무 어렵고 하기 싫다.' 특히 여학생들은 '친구들과 잘 지내고 싶은데 친구들이 나를 피하는 것 같다.'와 같은 교우관계에 대한 고민도 많습니다.", "'꿈이 없는데 자꾸 무엇이 되라, 장래 희망이 뭐니? 이런 걸 묻는다.', '아무것도 하고 싶은 게 없다'와 같이 주변에서 자신의 진로를 묻는 것에 대해 압박감을 느끼고 아무것도 하고 싶은 게 없는 것이 고민이라 말하는 친구들도 많습니다."

　　"성장환경이 특별한 친구들은 '부모님이 저를 왜 낳았는지 모르겠다.', '할머니가 아프지 않았으면 좋겠다.'라고도 합니다. 위 학생은 부모님이 서로 따로 사서서 어렸을 적부터 할머니 손에서 자란 학생으로 일 년에 부모님을 만나는 날이 손에 꼽히는 학생입니다. 한부모 가정의 경우 늘 엄마나, 아빠에 대한 그리움을 가지고 있어, 부모님에 대한 단어만 들어도 의기소침해지고 우울해하는 모습을 보여 말할 때 단어 하나도 신경 쓰면서 이야기하고 있어요. 아이들의 아픔, 상처는 대부분 부모님 사랑과 관련된 부분들이 많더라고요."

이 교사가 전해 준 초등학생들도 나름의 고민이 있음을 잘 알 수 있다. 그러므로 예비교사들이 부모 역할로 말한 것처럼 많은 대화를 통해 아이의 마음과 감정을 읽고 소통하는 것이 무엇보다 중요하다는 것을 말해준다. 의견으로 나온 '교육적 도움주기'와 '소속감 갖게 해주기'도 아동기의 의미 있는 부모 역할이다.

'교육적 도움주기'와 관련해서 심리학자 에릭 에릭슨도 이 시기 발달과업으로 중요시했다. 학업이 시작하는 시기이므로 기본적으로 글을 읽는다거나 셈을 할 수 있을 때 '근면성'이 형성된다고 봤다. '소속감 갖게 해주기'는 인본주의 심리학자 메슬로우의 욕구단계이론에도 있다. 소속감은 5단계 중 3단계로 사랑·인정과 같은 단계이다. 마더 테레사는 소외받은 이들과 함께한 이후 "가장 큰

재앙은 소속되지 못했다는 느낌이다."라고 했다. 소속감의 중요성을 알고 있는 미국의 한 초등학교에서는 아이들에게 소속감을 느끼게 하는 것을 학교 운영의 가장 큰 목표로 삼고 있기도 하다.

인간에게 성적 본능인 '리비도'가 있어 그 리비도가 신체의 어느 부위에 집중되는가에 따라 인간발달 단계를 나눈 정신분석학자 프로이트는 초등학교 시기는 '잠복기'라 했다. 성적 본능이 잠복하는 시기라는 것이다. 대신 이 시기는 같은 성의 또래가 발달에 의미 있다고 했다. 그러므로 이 시기에는 남자아이는 남자 친구들과, 여자아이라면 여자 친구들과 어울려서 지내게 하는 것이 좋다. 부모와 다양한 체험도 좋지만, 친구들과 박물관도 가보게 하고 야외 체험도 해 보게 하자.

내 아이가 초등학생이라면 아이와 대화를 많이 나눠서 소통하고, 그 과정을 통해 소속감을 느끼게 해주고, 학교 공부를 따라갈 수 있도록 해주고, 같은 성별의 또래들과 다양한 활동을 해 보게 하자. 한 가지 더 초등학교까지는 자연에서 많은 시간을 보내도록 해줄 것도 덧붙이고 싶다. 그러면 자연을 닮아 자연스럽게 정서적으로 안정되리라 본다. 정서가 안정되어야 앞에서 말한 것들이 가능하기 때문이다.

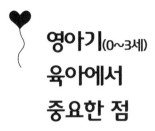

영아기(0~3세) 육아에서 중요한 점

"강의 내용이 저한테 모두 중요해서 하나하나 새기면서 노력하는 교사가 되겠습니다."

어린이집에서 영아반을 맡은 보육교사나 원장이 듣는 영아 전담반 강의에서 나온 얘기다. 나는 '영아성장과 발달 특성'을 강의하고 있다. 아래는 수강생 소감 중 일부이다.

"기질에 따른 상호작용과 애착 형성 , 영아가 관심을 보이며 영아 주도적인 활동하기 등으로 영아 발달을 돕는 교사가 되겠습니다."
"애착 형성이 가장 중요하다고 생각되었고, 부모님과 함께 아

아이의
생각 읽기

이를 잘 키우도록 협력하여 노력하겠습니다."

"부모를 놓치지 말아라. 영아의 생후 1년의 중요성을 다시 한 번 알게 되었습니다. 강의 감사합니다."

원하고 반응하는 상호작용하는 교사가 되겠습니다."

"반응적 상호작용!! 감사합니다."

"개별적인 기질을 존중해 영아의 자존감을 높일 수 있도록 하겠습니다!"

"지금 영아들에게 얼마나 중요한 시기인지 한번 더 생각하는 시간이었습니다."

"영아들에게 스스로 할 수 있는 시간을 주고 존중해 주어야겠다고 생각했습니다."

"아이들과 바깥 놀이의 중요성도 알게 되어 인상적이었고, 놀이 과정에서 반응적인 상호작용의 중요성도 알게 되었어요."

"해가 지날수록 애착형성이 어려운 아이들을 많이 있다는 생각이 듭니다."

내 과목을 처음 들은 수강생들의 반응이다.

아이들 발달에 가장 중요한 사람으로는 대부분이 '부모'로 봤다. 아이들 행동 중 다루기 힘든 점으로는 다음과 같은 행동으로 봤다.

친구를 때리는 행동울음으로 표현표현 안 하는 것친구를 깨무는 행동낮잠 안 자려고 할 때공격적인 행동고집부리는 행동몸에 달라붙는 행동통제가 안 될 때낮잠을 자다가 갑자기 울 때원에 들어오지 않으려고 할 때

위 행동들은 발달 단계상 보이는 행동이기도 하고 대부분 안정애착 형성이 안 되었을 때 나타나는 행동이다.

아이가 가장 사랑받고 싶은 대상은 거의 다 부모로 보고 있다. 또 가장 중요한 아이 발달은 애착형성으로 본다. 아이가 자신을 어떤 날씨로 느낄지를 물으면 교사로서는 맑음이 많다. 반면 부모로서는 흐림, 구름, 사계절 등이 많다. 교사로서는 의식의 수준에서 좋은 느낌으로 아이로 대하려고 노력하고 있으나, 부모로서는 무의식이 나오고 있다.

**아이의
생각 읽기**

이처럼 많은 부모도 마찬가지다. 내가 부모교육을 가서 부모들 의견을 들어 봐도 80%가 구름, 흐림이다. 이런 부모의 분위기, 정서에서 아이들이 결코 건강하게 자라기 어렵다. 적어도 인격 형성에 가장 중요한 영아기만큼은 부드럽고 따뜻한 날씨가 되어야 한다.

기질에 대해서 수강생들에게 자신이 맡은 아이들 기질을 분석해 보라고 했더니 까다로운 기질이 가장 많았다. 다음이 순한 기질, 그리고 느린 기질 순이었다. 교사나 원장님이 까다로운 기질이 많다고 느끼는 것은 그만큼 요즘 아이들이 마음이 불편하고 불안하다는 것을 의미한다. 가정에서 아이 입장에서 부모가 사랑받고 있다는 믿음과 확신을 갖도록 해야 한다.

아이 발달의 핵심,
영아기
애착형성

"애착형성 중요성에 대해 다시 한번 생각해보는 시간을 갖게 되었습니다. 생각해보면 저도 어릴 때 부모님이 주시는 애정만큼 소중했던 게 없었던 것 같습니다."

"태어나서부터 3세까지의 잘못된 양육이 치명적이고 상담하러 온 내담자 99.9%가 부모 자녀 관계의 문제가 있었다고 하니, 제가 더 공부하고 노력하여 좋은 상담가가 되고 싶습니다."

매주 목요일에 대학에서 2학년과 1학년을 대상으로 교육심리와 교육학을 강의했던 학기가 있다. 교직과목이지만, 유아교육과 학생들이므로 강의 초에 '영유아기 의미와 중요성'을 전했다. 특

**아이의
생각 읽기**

히 인간발달에서 영아기(0~3세)의 중요성을 강조하면서, 아이 입장에서 생각해 보게 했다. 그랬더니 윗글은 1학년 신입생이 한 말이다. 영유아 발달의 핵심을 파악한 것이다.

> "부모의 사랑이 가장 중요하고, 교사 혼자의 힘으로는 아이를 완전한 인격체로 만들기에 어려움이 있기 때문에 부모와 교사가 함께 만들어가야 한다는 것을 깨닫게 되었습니다."

나는 영유아 교사의 가장 중요한 역할을 부모를 변화시키는 일로 본다. 왜냐하면 아이 입장에서 가장 사랑받고 싶고, 아이의 마음속을 가장 많이 차지하고 있는 사람은 부모이기 때문이다. 바로 윗글은 학생들에게 이 점을 강조했더니 그에 대한 반응이다. 부모의 사랑이 아이 발달에 가장 중요하다고 생각한 것은 역시 영유아 발달의 핵심을 잡았다.

> "저는 항상 유아교육의 중요성만 강조했지, 구체적으로 왜 유아교육이 중요한지 이야기하기엔 부족함이 있었습니다. 하지만 이 수업을 통해 평소에 제가 가지고 있는 생각들에 대한 근거들을 얻을 수 있었던 것 같습니다."

"유치원 교사뿐 아니라 제가 나중에 부모가 되었을 때도 어떻게 해야 할지 알 수 있는 시간이었습니다."

내 강의를 통해, 영유아 교육이 왜 중요한지 근거와 이후 부모 역할도 알게 되었다고 하니 다행이다. 막 대학에 들어 온 학생들이다. 이들의 변화와 앞으로 활동이 기대된다.

애착은
사랑과
보살핌으로

"부모는 아이가 보내는 신호에 대해 바로 알아차리고, 즉각적으로 해결해 주어 아이와 신뢰를 쌓는 것이 제일 중요하다는 것입니다."

"아이 요구에 부모의 민감한 반응이 애착형성에 중요한 역할을 한다는 것을 알았습니다."

"부모 자신의 애착 경험이 아이에게 대물림된다는 사실을 알았습니다."

"안정애착은 사랑과 보살핌이 끊임없이 필요하다는 것을 알았습니다."

"보살핌의 질이 두뇌 발달에 영향을 준다는 것, 안정애착이 스트레스를 완충해준다는 것이 와닿았습니다." "그 동안 혼자서도 잘 노는 아이(회피애착)에겐 아무런 문제가 없다고 여겼던 점에 대해 다시 생각하게 되었습니다." "영상을 보고 나니 단순히 엄마와 아이와의 관계뿐 아니라 아이의 사회생활 전반에 영향을 미칠 수 있다는 것을 알았습니다."

"18개월 이전의 애착형성이 성인기까지 이어진다는 것을 알았습니다."

EBS에서 방영한 '아기성장보고서' 중 '행복의 조건, 애착'이라는 편이 있다. 예비보육교사를 대상으로 '영아발달 및 지도' 강의 시간에 보여줬다. 영상을 보고 난 후 쓴 소감들이다. 강조점은 다르지만 애착에 관한 중요한 내용들이다. 애착은 자신을 돌봐주는 대상과 정서적 유대관계로 그 사람을 만나면 편안하고 행복하다는 것을 느끼는 것이다.

주 양육자가 아이에게 어떻게 대해주는가에 따라 애착은 크게 두 가지 유형으로 나뉜다. 안정애착과 불안정애착이다. 불안정애착은 회피, 저항, 혼란애착으로 나뉜다. 하버드대학교 인간발달심리연구소에서 72년간 행복의 조건에 대해 추적연구를 했다. 그 결과 미국의 경우 47세까지 인간관계가 행복을 규정하는 중요한

**아이의
생각 읽기**

조건임을 밝혔다. 생애 초기에 형성된 애착은 이후 대인관계의 원형이 된다. 우리는 살아가면서 인간관계에서 에너지를 얻기도 하고, 때로는 힘들기도 하다. 때문에 초기에 맺어진 애착은 행복의 조건이 되는 것이다.

　　예비교사들에게 앞으로 교사로 현장에 나가면 어떻게 아이의 애착형성을 위해 역할을 할지 조별 토의를 하게 했다.

　　"아이의 요구에 즉각적으로 민감하게 반응해주는 것의 중요성에 대해 가장 많은 이야기를 나눴어요. 교사로서 불안정애착형성을 가진 아이에게도 관심과 사랑을 주어야 한다고 생각합니다. 안정애착 형성으로 바뀔 수 있도록 해야 할 것입니다. 그러기 위해선 교사 자신이 불안정한 애착을 갖고 있는 건 아닌지 돌아보고 자신을 사랑하고 긍정적인 마음을 가지고 아이를 돌봐야 한다고 생각합니다. 결국 안정적인 애착형성을 위해 진실된 사랑으로 충분한 스킨십이 중요하다는 의견으로 마무리 되었습니다." "영아기에는 아이 신호에 민감하게 반응하여 아이가 있는 곳이 안전한 곳임과 사랑과 보살핌을 받고 있다는 안정을 주어야 합니다. 유아기에는 친구들과 어울림을 강요하지 않고 서로 편안하게 상호작용할 수 있도록 도와야 합니다. 그럼에도 불구하고 어떤 문제가 발생할 때는 부모가 아이와 안전애착을 형성하도록 하고, 심각한 경우는 냉철하게 상담을 받아 볼 수 있도록 합니다." "할머니가 주 양육자였던 아이가 초등학교까지 고집이 세고 또래 관계에서 양보하지 못하고 어울리기 힘들었다는 사례를 살폈습니다. 또 엄마의 독박육아로 아이의 욕구에 제대로 반응하지 못해 아이가 크면서 불안감이 많은 아이로 크고 있는 것 같다는 사례도 있었습니다. 이후 교사로 저희가 할 수 있는 것은 필요에 따라 교사 자신의 치유가 필요하고, 아이들에게 눈 맞춤과 민감하고 즉각적인 반응이 필요하다는 점에 대해 얘기 나눴습니다."

이처럼 아이의 안정애착을 위해서는 양육자의 태도가 중요하다. "과거 집안일 할 때 아이가 놀아달라고 하면 기다려 달라고 하거나 짜증을 냈었는데, 그랬던 저의 모습을 반성하게 되었어요. 저에게는 짧은 순간이었을 그 순간이 아이에겐 큰 영향이 갈 수도 있다고 생각하니까 너무 미안한 마음이 들어요."라고 한 소감이 있다. 미안함을 아이에게 말로 표현하고, 아이가 어느 연령이든 애착 형성에 중요한 시기인 갓난아이로 생각하고 100배의 노력이 필요하다. 그 노력은 사랑과 보살핌이다. 그 노력 이전에 자신의 어린시

아이의
생각 읽기

절 양육을 뒤돌아보고, 내면아이를 찾아 필요하면 위로해야 한다. 마음이 편안하고 행복한 어른이 아이의 안정애착을 가능하게 하기 때문이다.

아이에게
물려줄
가장 중요한 자산

"그 어떤 강의보다 뜻깊은 감동의 강의입니다^^"
"요즘 불안정애착인 아이들이 많이 보여서 안타까웠는데 강의를 듣고 다시금 안정된 애착 관계에 대해 생각해보게 되었습니다."

경기도 보육사업 중 '영아전담반' 교육과정이 있다. 3세까지의 영아를 맡은 어린이집 원장이나 교사를 대상으로 진행하는데 비대면 강의 중 나온 얘기다.

나는 '영아 성장과 발달' 과목을 강의한다. 강의 도중 잘 듣고 있나 하고 살펴보면 토끼처럼 귀를 쫑긋하고 듣고 있는 분이 있

**아이의
생각 읽기**

는가 하면, 카메라만 켜두고 자리에 없는 사람도 있다. 네 시간 강의를 마치고 배운 내용 중 가장 중요하고 생각하는 내용이나 인상 깊은 내용, 다짐을 채팅방에 적어보라고 했다.

걱정했던 것보다는 잘 듣고 있었다. 대부분이 강의 중 내가 중요하게 생각하고 강조했던 내용을 적었다. 그중에서 단연 가장 많은 내용은 '안정애착'을 형성해야 한다는 내용이었다. 강의한 보람이 있다.

영아기는 인간발달에서 가장 중요한 시기이다. 왜냐하면 정서, 언어, 신체 발달 등이 급격하게 이루어지는 시기이기 때문이다. 이를 발달심리학자들은 '성장 급등기'라 한다. 부모들과 공감하고, 교사 스스로 행복하도록 하고, 온화한 날씨와 같도록 하고, 놀이중심 보육과정에서 핵심 내용을 파악 적용하도록 하고, 애착형성을 위해 민감하게 즉각적으로 반응하고 접촉하는 따뜻하고 편안한 교사, 원장이 되길 바란다.

2장

내 아이
행동 이해하기

영아는 절대적 보살핌이 필요하다

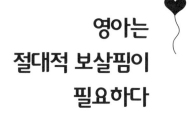

"암탉은 알을 품는 25일간 식음을 전폐하듯 해요. 오로지 알이 부화하는 데 온 신경을 쓰죠. 그러다 병아리가 나오면 40일간 먹거리를 물어다 줍니다. 이후는 내쫓고요."

정치를 하다 지금은 고향에서 농사를 짓는 분을 찾아가 얘기를 나눈 적이 있다. 그는 닭을 몇 마리 집 근처에 풀어놓고 키우고 있다. 닭의 생리를 관찰하고 전해준 얘기다.

몬테소리 교육법을 창시한 이탈리아의 마리아 몬테소리는 생후 1년, 길게는 3년의 아이를 '정신적 태아' 또는 '영적 태아'라 했다. 엄마 배 속 아이를 '육체적 태아'라 한다면, 태어난 이후는 정신발달을 해야 하는 중요한 시기로 봤다. 동경 유학 중, 네덜란드 암스테르담에 본부를 둔 국제몬테소리교사자격(AMI)을 취득하기도 했다. 졸업식 때 캐나다에서 몬테소리교사양성과정을 운영하던 몬테소리 손녀가 와서 특강을 했다. 그는 몬테소리가 출생 후 1년을 특별히 강조했음을 메시지로 전했다.

이 시기 아이는 내적 설계도를 갖고 있으므로 어른이 할 일은 "아이를 가르치는 것이 아니라, 아이의 흡수하는 정신이 발달하도록 돕는 것이다(몬테소리, 흡수하는 정신)."라고 했다. 흡수하는 정신을 돕는다는 것은 정신적 발달을 돕는 것이다. 이때 도움이 제대로 제공될 때만 훌륭한 건축을 완성할 수 있다고 봤다. 몬테소리는 이 시기는 무의식적 흡수기로 의식적으로 기억하는 것이 아니라, 이미지를 삶 자체로 흡수한다고 했다. 이를 므네메(Mneme)라고 한다. 아이는 영아기의 정신적 발달을 토대로 이후 기억력, 이해력이 발달해 간다고 했다.

여기서 주의해야 할 것은 돕는다고 해서 아이를 수동적인 존재로 봐서는 안 된다. 몬테소리는 아이의 울음은 "나 스스로 할 수 있게 도와주세요."라는 신호라고 했을 정도로 아이를 자율성 추구 존재로 봤다. 그러므로 환경은 "아이들이 하고 싶은 흥미로운 요소가 많아야 한다."라고 했다. 이는 2019년부터 변경된 우리나라 '놀이 중심 보육·유아 교육과정' 운영 맥락과 같다.

몬테소리는 "잘 준비된 교사는 아이에게 최악의 교사이다. 자기 뜻을 아이에게 강요하지 않고, 아이를 유심히 지켜보면서, 아이들을 위한 준비를 하고, 그런 다음에 아이들이 스스로 하도록 하는 것이 교사의 역할이다."라고 했다. 교사라는 말을 부모로 대체시켜도 무방하다. 몬테소리 국제자격 과정 공부를 할 때 교육생을 마치 아이 관찰하듯 관찰하고 한 달에 한 번 불러 편지(관찰일지라고 해도 됨)를 써 주던 도쿄국제몬테소리교사양성학교의 마쓰모토 시즈코 선생님이 떠오른다.

암탉이 40일간 병아리를 먹여 살리는 기간을 몬테소리가 말한 '정신적 태아기'라 볼 수 있지 않을까 싶다. 몬테소리는 아이의 정신적 발달을 돕는 교육 방법은 자연이 법칙을 정한다고 봤다. 정신적 태아기 때 자연법칙의 교육방식은 암탉이 보여주듯이 절대적 보살핌이라 본다.

"보살핌은 편안하고 따뜻한 눈 마주침, 접촉, 공감과 적절한 자극이 있어야 하고, 환경은 즐겁고 아름다워야 한다(몬테소리)."

**아이의
생각 읽기**

내 아이
자아존중감
키우기의 핵심은?

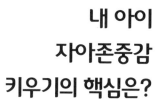

"자존감이 높은 아이로 성장할 수 있게 스스로 할 수 있도록 도움을 주고 공감도 잘해주는 돌보미가 되도록 힘쓰겠습니다."

"스스로 할 수 있도록 기다려 주어야 한다는 걸 배웠습니다. 다시 뵙길 희망합니다."

한국건강가족진흥원 강사로 아이돌보미 양성과정 강의를 했다. 〈학령기 발달 이해와 관계형성〉 과목 강의 후 소감이다. 학령기는 초등학생 시기를 의미한다. 이 시기는 프로이트의 정신분석학적 관점에서는 또래 관계가 중요한데, 특히 동성의 친구 관계가 의미를 갖는 시기이다. 왜냐하면 이성에 관심을 두지만, 배타적인 시기이기 때문이다. 내가 초등학교 다닐 때를 회상해 봐도 그런 체험이 있다. 40분 정도로 기억되는데 점심시간에는 식사를 빨리 마치고 운동장에 나와 여학생들끼리 고무줄놀이를 많이 했다. 양쪽에서 길게 이은 고무줄을 잡고 편을 나눠 한 사람씩 고무줄을 넘거나 밟으면 놀았다. 그때 장난꾸러기 남학생들은 뛰어와서 작은 면도칼로 고무줄을 끊고 달아났다. 이는 여학생들에게 관심은 있으나 함께 놀지 않는 이 시기의 특성을 나타낸다.

심리적 발달 중 이 시기에 중요한 것은 '자아존중감' 발달이다. 자아존중감은 자기에 대한 가치와 자신감이 구성요소이다. 자기에 대한 가치는 주변 사람들의 반응으로 만들어진다. 자신감은 스스로 어떤 일을 해내고 나서 느끼는 만족감이 영향을 준다. 그러므로 아이의 행동에 긍정적으로 인정과 칭찬을 해주어야 하고, 신발을 신거나 옷을 입을 때 해주기보다는 스스로 하도록 해야 한다. 수강생 중 한 분은 지금 아이가 중학생인데 그 아이의 어린 시절을 뒤돌아봤을 때, 아이의 자아존중감 발달과는 거리가 먼 양육을 했음을 고백했다. 예를 들면 신발을 신겨주는 것이 아이를 위한 것이라 생각하고 늘 아이의 신발을 신겨주었다고 했다.

원광아동발달연구소 이영애 소장은 "유난히 아이들에게 '안 돼'라는 말을 많이 하는 엄마들이 있는데 무심히 내뱉은 '안 돼'라는 한마디가 아이의 습관을 고치기에 앞서 아이의 자존감을 확 낮춰버릴 수 있다는 걸 자각해야 합니다. 아이의 자존감을 높이기 위해서는 아이가 좀 실수해도 개입하지 말고 스스로 주도하게 해야 해요. 부모의 강압적이고 부정적인 말 한마디가 아이를 눈치 보게 만들고 아이의 소중한 자존감을 다 깎아 먹기 때문이지요."라고 조언한다.

어느 수강생은 "모 방송국 영재발굴단이 종방하며 여러 해 동안의 출연자 수백 명의 영재들의 빅데이터를 모으니 '늦둥이'라는 공통키워드가 나오더군요. 쌀을 온 집안에서 뒤집고 놀아도 그저 허허허 마냥 예쁜 눈으로 바라보고 들어주고 격려하는 양육, 그게 성공의 경험치를 올려주었겠지요. 아이들을 늦둥이 보듯 예쁘게 존중하며 돌봐야겠어요."라고 한 다짐을 잊지 않았으면 한다. 또 "눈물 나는 감동적 강의였습니다.", "깊은 감동적 강의 내용 잘 적용하겠습니다."라고도 했듯이 강의 때 느낀 감동을 현장에서 나누어주길 바란다. 부모도 내 아이가 스스로 성공과 성취를 하도록 하고, 공감해주는 것이 내 아이 자아존중감 키우기의 핵심임을 알고 실천하길 기대한다.

아이와
대화의 끈을
놓지 말아야 한다

"저녁은 아이가 어렸을 때부터 늘 가족이 같이 식사하며 얘기를 나눠요. 그랬더니 성인이 되었는데도 뭐든지 부모와 상의하고 큰 어려움 없이 잘 자랐어요."

아이돌보미 양성과정 강의 중 한 수강생이 전한 얘기다. 바쁜 일상을 살고, 일정이 서로 다른 가족이 늘 저녁 식사를 함께한다는 것은 쉽지 않다. 어렵지만 이를 실천하고 있다고 한다. 그리고 무엇보다 이 시간을 가족 간 대화의 시간으로 활용한다는 것이다.

결혼 전 주례를 맡아줄 분과 식사했다. 그때 미리 한 가지만 당부하겠다고 했다. "부부 사이에 어떤 일이 있어도 대화의 끈을 놓지 마세요."라고 했다. 살다 보면 날씨처럼 이런저런 일이 있고 여러 감정이 일어나고 사라진다. 그때 부정의 일과 감정이 생기면 자연히 대화가 줄어드는데, 주례의 당부를 떠올리곤 한다.

대화할 때는 내가 하고 싶은 얘기를 감정적으로 하지 않고 잘 전달해야 하고 무엇보다 듣는 것을 잘해야 한다. 의사소통에서는 잘 듣는 경청의 중요함을 강조한다. 경청은 한자로 기울 경(傾), 들을 청(聽)을 쓴다. 경은 몸을 상대방에 기울여서 주의를 집중한다는 의미일 테다. 여기서 청의 한자 풀이가 의미 있다. 왕의 귀가 되고 눈은 열 개가 있는 듯하고 마음은 듣는 이와 하나가 된다는 의미다. 그렇게 상대의 얘기를 들어야 한다는 것이다.

카네기가 얼마나 경청을 잘하는 사람인지를 알게 하는 일화가 있다. 어느 모임에서 옆자리에 앉은 탐험가가 무려 2시간 동안이나 탐험 얘기를 했다. 이야기를 끝낸 탐험가는 카네기에게 "선생님의 탐험에 대한 탁월한 식견과 지혜에 경의를 표합니다."라며 자리를 일어섰다. 그러나 실제 카네기는 탐험에 대해 잘 몰랐고 진지하게 그의 얘기를 들어주었을 뿐이었다고 한다.

자녀를 세계적인 리더로 키운 전혜성 박사는 〈섬기는 부모가 자녀를 큰사람으로 키운다〉에서 가족 간의 대화를 어떻게 했는지 밝히고 있다. 그의 가족은 매일 아침 식사 때 돌아가면서 기도하는 시간을 가졌다고 한다. 또 매주 금요일 밤에는 TV 같이 보고 생각 나누기, 토요일 아침 식사 후에는 당번을 정해 진행과 기록을 남기며 가족회의, 토요일은 도서관 함께 가기, 일요일은 교회에 다녀와서 설교로 대화 나누기를 실천했다고 한다.

자녀가 부모에게 뭐든지 얘기를 하게 하기 위해서는 편안한 분위기여야 한다. 또 어떤 얘기를 하더라도 비난받거나 조롱당하지 않고 받아들여진다는 수용적인 분위기여야 한다. 그때 안에 갖고 있는 생각을 다 털어놓고 억압하지 않는다. 억압이 없을 때 아이는 심리적으로 건강하게 자랄 수 있다.

아이의
생각 읽기

교육은
말보다
보여주기다

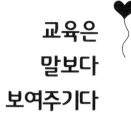

"이제는 가 봐야겠어요. 우리 집 꼬맹이에게 책을 읽어 줘야해서요. 매일 잠들기 전에 20분 정도 책을 읽어주고 있거든요."

어느 날 밤, 지인과 차를 마시며 담소를 나눴다. 밤 8시경 지인이 한 말이다. 한 시간 정도 얘기를 나눈 터라 아쉬웠지만, 더 붙잡을 수 없는 이유였다. 부모의 이슬이 자식에게 내려야 한다는 생각을 갖고, 늘 자식을 위해 기도하는 심정이라고 했던 그다.

미국 애리조나 주립대학교 짐 트렐리스가 쓴 〈하루 15분 책읽어주기의 힘〉이 있다. 그는 자신의 아버지가 책을 읽어줬던 기억이 행복했다면서, 자신의 두 아이에게도 책 읽어주기를 하는 아빠였다. 책 읽어주기는 학습의 기초가 되고, 어휘력 향상에 도움이 되며, 집중력을 발달시키는 등의 효과가 있음을 전한다.

주로 아이가 어릴 때 부모들이 책 읽어주기를 한다. 짐 트렐리스는 중학교 2학년이 되어야 듣기와 읽기가 같아진다고 본다. 그러므로 책 읽어주기는 요람에서 10대까지 해야 한다고 말한다. 톨스토이가 대문호가 된 데에도 그의 어머니의 책 읽어주기가 한몫하지 않았을까 싶다. 톨스토이 어머니도 매일 밤 아들에게 책을 읽어주되, 절정에서 읽기를 멈추고 그다음 전개 내용을 상상해 보라고 했다고 한다. 톨스토이는 이야기가 어떻게 전개될지 꿈속에서도 상상의 나래를 폈을지 모른다.

부모나 교사가 아이에게 책을 읽어주는 것은 두 사람 간의 정서적 친밀감을 느끼게 해주는 것이 가장 큰 효과라 본다. 물론 어휘력, 상상력, 집중력 향상과 앎의 확장 등도 가능하다고 본다. 무엇보다 어린 시절 책 읽어주기는 아이가 책을 좋아하는 사람으로 자랄 수 있다는 점이다. 그러기 위해서는 부모나 교사가 의무가 아니라, 먼저 책을 좋아해서 편안한 마음으로 자신도 즐기면서 책

**아이의
생각 읽기**

을 읽어 줘야 그 느낌이 자연스럽게 스며들 수 있을 터이다.

책 읽어주기를 잠자기 전에 해주는 것은 무의식이 활성화될 때이기 때문이다. 같은 의미에서 가능하다면 아이가 잠자리에 일어나기 전에도 읽어주는 것도 좋으리라 본다. 음악계의 정트리오로 알려진 정명화, 정경화, 정명훈의 어머니는 자녀들이 잠자기 전뿐 아니라, 일어나기 직전에도 음악을 틀어준 것으로 알려져 있다.

파주출판도시 내에 있는 어린이집을 방문한 적이 있다. 교실마다 책이 가득했고, 책을 읽어주는 교사도 있었다. 무엇보다 내 눈에 띄었던 것은 어느 교실에서든 혼자서 책을 읽는 아이들이 있었다는 것이다. 이는 출판 관련 일을 하는 부모의 직업 때문이든 부모 자신이 책을 좋아하기 때문이든 분명 그런 아이들의 부모는 집에서 책을 늘 가까이하고 있음이 분명하다. 교육학자 마리아 몬테소리가 말한 '흡수 정신'처럼 아이들은 부모의 모습을 보고 스펀지가 물을 빨아들이듯이 흡수한 것이다. 교육은 말하기보다 보여주기이다.

아이의
첫 단어를 통해 보는
부모 역할

"'엄마'라고 가장 먼저 말했어요."

어린이집 교사 대상 강의 시간에 "아이의 첫 단어는 무엇이었나요?"라는 물음에 자녀 양육 경험이 있는 분이 답변한 말이다. 한국보육진흥원 사업으로 보육교사를 대상으로 하는 '장기 미종사자 교육'이 있다. 보육 현장에 근무하다가 2년 이상 휴직했거나, 자격증 취득 후 2년이 경과 했다면 들어야 하는 의무 교육이다. 전국적으로 열 명이 집필한 공동교재를 사용한다. 나는 '영유아의 긍정적 상호작용' 원고를 썼고, 강의는 '영유아 행동의 발달적 이해'를 한다. 100여 명을 대상으로 비대면 강의를 했다. 왜 다시 보육 현장에 가려고 하는지 이유를 물어봤더니 다양한 의견이 나왔다. 출

**아이의
생각 읽기**

산과 육아로 인한 경력단절이 가장 많았다.

　강의 중에 자녀 양육 경험이 있는 분들에게 아이가 했던 첫 단어를 적어보라고 했다. 28명 중 25명은 '엄마' 3명은 '아빠'라고 적었다. 독일의 철학자 마르틴 하이데거는 '언어는 존재의 집'이라고 했다. 사용하는 언어가 그 사람의 존재 방식을 넘지 못한다는 것이다. 아직 한 단어밖에 말하지 못하는 아이에게 엄마, 아빠가 곧 자신이라는 의미다. 아이들이 첫 단어로 '엄마', '아빠'를 말하는 것은 생존본능이다. 가장 가까이 있는 엄마, 아빠의 보호와 사랑을 받아야 살아갈 수 있기 때문이다. 아이는 그렇게 본능적으로 부모에게 신호를 보내고 있다. 그런데 부모가 거기에 반응하지 않으면 아이는 어떻게 될까? 부모는 아이의 첫 단어를 잊지 말고 아이를 보호하고 사랑해 주어야 한다.

　강의 후 "아이의 마음을 읽을 수 있는 교사가 될 수 있도록 해주셔서 너무 감사합니다. 오늘 강의가 평생 기억에 남을 것 같아요.", "애착형성 등 한순간도 놓칠 수 없었던 귀한 말씀 너무 감사합니다."라고 했다. 이 소감을 간직하면서 무엇보다 부모를 변화시키는 교사가 되기를 기대한다.

열심히 공부하는데
왜 결과는
안 좋을까?

"엄마들이 아이 '공부, 공부, 공부', '영어, 영어, 영어' 하면서 공부시켜 주니까 유치원에 보내는 것 같다."

"어느 지역 지자체에서는 유치원에 다니면 보호자가 부담하는 25만 원을 만 5세 아이에게 지원해 주고, 정부에서 25만 원을 지원해주므로 무료로 다닐 수 있다. 어떤 유치원에는 P 출신국 원어민 영어 강사 2명이 있고, 무료도 다닐 수 있는데도 100만 원이나 드는 영어 유치원에 보내더라."

계절마다 만나 얘기 나누면서 웃자는 모임이 있다. 영유아 교육, 심리학 전문가들이다. 위 얘기는 박사학위를 가진 영유아교육 전문가로 유치원 운영 경험이 있고, 단설 유치원에서 수업 전담

아이의
생각 읽기

교사로 근무하고 있는 회원이 전한 얘기다.

영유아기 때 공부는 놀이여야 한다. 책상 위에서 배우는 문자, 숫자 공부는 큰 의미가 없다. 오히려 강압적으로 접근하면 나중에 학교 공부를 싫어하는 아이가 될 수 있다. 영어도 그 아이가 영어권에서 살지 않는 한, 우리말을 익힌 다음에 배우게 해야 한다. 결국 우리말로 사고하면서 살아가기 때문이다.

내가 유학했던 도쿄의 오차노미즈 여자대학과 도쿄가쿠게이대학 부속유치원에서는 자유 선택 활동이 일과였다. 교사가 가르치는 것이 아니라, 아이들이 관심과 흥미를 갖는 것을 파악하여 먼저 환경을 만들어 놓고 스스로 환경과 상호작용하게 한다. 교구와 교재도 만들어진 것이 아니라 박스, 신문지, 비닐, 끈 등으로 스스로 만들어가게 한다. 그렇게 자란 아이들은 어떻게 되는가? 일본은 창의적 사고를 필요로 하는 과학 분야를 포함하여 약 30여 명의 노벨상 수상자가 나왔다. 한국은 현재까지 평화상 한 명이다. 노벨상이 중요하다는 것이 아니다. 어려서부터 스스로 문제를 해결할 수 있는 창의성을 길러 주는 것이 중요하다. 지금 우리나라에서 하는 '공부, 공부, 공부' 방식으로는 안 된다. 아이들의 능력을 믿고 스스로 배우도록 해야 한다.

기질이
성격을 만든다

"기질은 유전적이며 장점과 단점이 공존합니다. 아이를 편하게 인정하고 받아들이며 각자의 개성과 장점을 존중하여 잠재력을 키워주는 것이 중요한 것 같습니다."

"아이의 기질은 선천적이고 바꿀 수 없는 부분이므로, 부모가 아이의 기질을 잘 파악하여 장점을 살려주면서 아이의 기질에 맞는 양육방법으로 양육해주는 게 중요하다고 생각합니다."

"아이의 타고난 기질을 관찰하고 잘 파악하여 인정해주고, 부모가 어떻게 받아주고 상호작용을 하는지가 아이의 성격형성에 중요하다고 생각합니다."

**아이의
생각 읽기**

예비보육교사 대상 '영유아 발달 및 지도' 강의에서 '기질'에 대한 수업 후 나온 소감들이다. 모두 기질의 의미와 중요성, 적용 등을 잘 말하고 있다. 1977년 미국 뉴욕에서 토마스(Thomas)와 체스(Chess) 등은 연구를 통해 기질의 9가지 구성요소를 밝혔다. 이는 활동수준, 규칙성, 접근과 회피, 적응성, 반응의 강도, 반응의 민감도의 하한선, 기분의 질, 주의산만도, 주의집중 시간 및 지속성이다.

이를 적용해 아이들 기질을 살펴보면, 크게 순한 기질, 급하고 까다로운 기질, 느린 기질로 나뉜다. 종종 확실히 구별하기 어려운 경우도 있고 두 가지 기질 유형을 나타내는 경우도 있다. 개인적으로 나도 순하면서 느린 편이다. 가장 많은 기질은 순한 기질의 아이들이다. 현장 교사나 원장 대상 강의를 하다 보면, 요즘 아이들은 까다로운 아이들이 많다고들 하소연한다. 어느 교사는 "저희 반 7명은 다 까다로워요. 순한 아이들은 다 어느 반으로 갔을까요?"라고도 한다.

예비교사들이 말했듯이 기질은 좋고 나쁨이 없다. 또 이미 유전적으로 가지고 태어났기 때문에 환경적으로 바꾸기 어렵다. 중요한 것은 부모가 아이의 기질을 파악해서 기질에 따르는 양육을 하는 것이다. 순한 아이는 강요하지 말아야 한다. 강요하면 자율성이 훼손된다. 느린 아이는 기다려줘야 한다. 급하고 까다로운 아이는 논리적 접근이 필요하다. 즉 아이의 요구와 바람인정, 현재 상황 인식시키기, 대안 제시하기, 마지막 선택은 아이가 하도록 하기가 필요하다는 것이다. 예를 들어 공원에 산책하러 나갔는데 점심시간이 되어 들어가야 할 때 떼를 쓰는 아이가 있다고 가정하자. "응 ○○이가 더 놀고 싶구나.", "그렇지만 지금은 집에 가서 밥 먹을 시간이야.", "조금만 더 놀까, 아니면 밥 먹고 올까, 아니면 내일 또 올까?" 이렇게 마지막으로 최종 선택권은 아이에게 주면 된다.

위 네 단계는 급하고 까다로운 아이들뿐만 아니라 모든 아이에게 적용해도 좋다고 생각한다. 부모는 기질을 파악하고 기질에 따른 적절한 상호작용이 내 아이 성격을 만든다는 사실을 잊어서는 안 된다. 소아정신과 전문의 김영훈은 "기질은 성격을 낳고, 성격은 행동을 낳는다."라고 했다.

**아이의
생각 읽기**

아이의 결과물을 바랄 때가 아니다

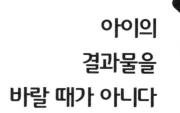

"식목일 행사로 어린이집에서 6개월, 8개월 아이들 집으로 화분에 꽃을 심어 보냈어요. 그게 아이들에게 무슨 의미가 있을까요? 차라리 아이들에게 잎사귀를 보게 하고, 꽃향기를 맡아 보게 하는 게 더 교육적이지 않을까요?"

예비보육교사를 대상으로 〈보육학개론〉 강의 시간에 바꿔야 하는 보육 현실에 대해 토의하는 시간에 나온 얘기다. 그는 육아를 마치고 보육교사가 되기 위해 공부하고 있다. 부모 입장에서 그런 경험을 한 것이다. 이런 부모들도 있지만, 많은 부모는 아이들이 어린이집에서 한 활동을 결과물을 바란다. 그러다 보니 어린이집에서는 아이들이 만든 것들을 보내준다. 가정으로 보내기 위해 교사가 완성하는 경우도 있다. 이는 어린이집뿐만 아니라 유치원도 마찬가지다. 물론 모든 어린이집과 유치원에서 그러는 것은 아니다.

20여 년 전 보육정책위원으로 어린이집 시설 평가를 다닌 적이 있다. 방문하게 될 어린이집 한 곳에 대해 같이 가는 어린이집 원장 대표가 넌지시 "이 어린이집 원장은 오랫동안 운영을 했어요. 가족 중 한 사람이 청와대에 다닌대요. 그래서였는지 그 어린이집에 보건복지부 장관과 여성부 장관이 다녀가기도 했어요."라고 한다. 경력이 오래되었다고 하기에 원 운영을 잘하고 있으리라는 기대를 하고 들어섰다.

어린이집 입구에 커다란 사진이 걸려 있다. 보건복지부 장관, 여성부 장관, 원장이 나란히 서서 촬영한 사진이다. 원장 입장에서는 "우리 원에 이렇게 높은 사람들이 다녀갔어요."라고 자랑하고 싶었는지 모른다. 그런데 정작 중요한 아이들에게는 그 사진이 무슨 의미가 있겠는가. 이런 생각을 하며 어린이집 내부로 들어서는데 한 번 더 원장의 운영철학을 의심하게 하는 장면이 펼쳐진다. 명화 액자를 복도에 걸어두었는데, 어른인 나도 올려다봐야 하는 높은 위치에 걸려 있다. 역시 아이들이 눈으로 볼 수 없는 그림이 아이들에는 과연 무슨 의미가 있겠는가. 어린이집 입구 사진이나 명화 액자 모두 부모들에게 보여주기 위한 것이지 않을까 싶다.

보육실과 교실 환경판도 마찬가지다. 교사들이 늦은 시간까지 환경판 정리를 하기도 한다. 어느 교사는 밤 10시 정도인데도 환경판 정리하느라 퇴근하지 못하기도 한다. 한 예비교사는 실습할 어린이집에 갔더니 실습하는 동안에 가을 환경판을 만들어 달라고 하더란다. 그때가 봄이었는데 이미 여름 환경판까지는 만들어져 있더란다. 이렇게 교사들이 애써서 만드는 환경판이 역시 아이들에게는 무슨 의미가 있겠는가.

내가 발달임상을 공부했던 오차노미즈여자대학의 부속 유치원은 일본 최초의 유치원이다. 귀국 후 세미나 때문에 도쿄에 갔다가 방문했다. 유학 당시에도 유치원에 가서 수업을 듣기도 했는데 그때는 눈에 들어오지 않았던 환경판이 눈에 띄었다. 아이들 그림만 붙어 있었다. 아이들은 자신의 그림을 보고, 자긍심을 가질 테고, 또 친구의 그림을 보고는 '아 나도 저렇게 하면 되겠구나.'라는 배움이 있지 않을까.

한국은 민간이 운영하는 어린이집, 유치원 비율이 높다. 그러다 보니 운영자 입장에서는 수요자인 부모의 입장을 고려하는 측면이 많은 것 같다. 모든 어린이집이 그런 것은 아니지만, 보육의 본질인 아이들을 놓치고 있다. 이런 어린이집에는 앞서 얘기한 부모들처럼 아이의 발달을 생각해서 부모들이 먼저 보여주기 위한 운영보다 아이들 발달을 생각해 달라고 요구하면 어떨까. 왜냐하면 지금은 결과보다 활동하면서 어떤 개념이라 원리를 알아가는 게 중요하기 때문이다. 결과는 이러한 과정이 만들어 낸다. 과정이 없는 결과물을 바랄 때가 아니다.

영아를 둔 부모나 교사가 반드시 알아야 할 것들

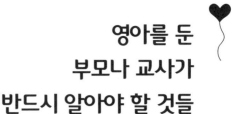

"교수님! 수료를 위한 강의 신청이었는데, 너무 유익하고 영아기에 정말 필요한 강의 감사드립니다. 우리 교사들과 같이 듣고 싶어요. 방법이 없을까요? 유튜브 등 영상으로요."

경기도 보육정책 중 '영아(0~3세) 전담반' 교육 프로그램이 있다. 강의를 듣고 어린이집 원장이 올린 글이다. 유튜브로 듣보고 싶다는 얘기를 듣고, 강의는 아니지만 내 책 '아이가 보내는 신호들'과 '아이의 마음 읽기' 내용을 7분 정도로 구성한 영상을 '공명재학당' 채널을 만들어 올렸다. 유튜브 강의는 기회가 되면 조금씩 올려보고자 한다.

'영아 인성과 인권' 강의에서는 영아기의 의미와 중요성, 인성의 기본이 되고 인권 중 발달권에서 가장 중요한 애착 형성을 중심으로 강의한다. 영아기는 인간 발달에서 가장 중요한 시기다. 특히 12개월까지는 애착형성, 언어발달, 뇌발달 등에 있어 중요한 시기다. 인간과 같은 포유동물인 송아지는 낳자마자 걷기 시작한다. 그런데 인간의 아이는 걷기까지 약 1년이 걸린다. 이는 인간의 전 발달에서 가장 중요한 애착형성을 위해서라고 생각한다.

아이가 누워있기에 양육자는 절대적으로 보호하고 보살펴 주어야 한다. 이를 통해 접촉, 눈 마주침을 한다. 이러한 상호작용이 애착형성을 돕는다. 그런데 일로 바쁜 요즘 젊은 부모는 이를 놓치는 경우가 많다. 안타까운 상황이다. 일은 나중에 해도 되지만, 아이는 기다려 주지 않는다. 상담심리학자 김경희는 〈분노사용설명서〉에서 "사랑과 돌봄은 필요한 시기에 반드시 채워져야 한다."라고 한다. 그때 사랑을 제대로 받지 못하면 결핍을 갖고, 분노할 수 있음을 전한다.

영아기의 의미와 중요성, 애착 형성 외 부모 면담을 중요시 여길 것, 자연 속 활동, 감각과 신체운동 활동, 기다려주기, 상호작

**아이의
생각 읽기**

용은 반응적 상호작용, 부드럽고 따뜻한 교사 역할, 아이들 스스로 하게 할 것 등에 대해 강의한다. 모두 실천으로 배움의 완성을 이루길 바란다.

언어 이전의 세계,
아이들이
실컷 놀게 하자

"가만히 생각해 보니 어릴 때 온종일 싫증 안 내고 놀았던 게 바로 이 놀이더라고. 유년은 아직 육체가 마인드라는 물로 채워지기 전의, 영성의 세계예요. 언어로 설명되기 이전의 세계죠."

이 시대의 지성으로 불렸던 이어령 선생의 말을 김지수 기자가 적었다. 선생이 가지고 있던 저 생각이 서울올림픽 때, 세계인을 숨죽이게 하고 감동을 준 굴렁쇠 굴리는 아이의 탄생을 만들었으리라.

나는 유년을 산과 들, 연꽃 방죽이 가까이 있는 농촌에서 보

아이의
생각 읽기

냈다. 내 깊은 곳에도 저 세계가 뿌리처럼 있다. 또래 친구뿐 아니라, 마을 언니, 오빠. 동생들과도 땀 뻘뻘 흘리며 놀았다. 땅따먹기, 비석 치기, 자치기, 오징어 게임 등을 실컷 했다. 겨울이면 비료 포대를 눈 위에 깔고 썰매를 탔다. 세상 근심 하나 없이 즐겁고 행복했다.

몬테소리 교육법을 창시한, 의사이자 교육학자였던 마리아 몬테소리는 놀이를 영어 '플레이(play)'로 말하지 않고 '워크(work)'로 말했다. 아이들에게 놀이는 단순히 흥미, 즐거움뿐 아니라 발달하고 성장하게 한다는 의미다.

2019년부터 유아교육 과정과 보육 과정이 놀이 중심으로 바뀐 게 늦었지만 다행이다. 나는 20여 년 전에 도쿄 유학 후 귀국해 놀이 중심으로 가야 한다며 관련 글을 썼다. 일본은 이미 그때 '개방 보육'이라 해서 우리나라 자유선택 활동, 즉 놀이 중심으로 운영했고 그 방향이 맞기 때문이다. 그로부터 20년이 지나서 바뀐 셈이다. 아이들에게 놀이는 즐거움이자, 쉼이자, 배움이다. 아이들이 땀 뻘뻘 흘리며 실컷 놀게 하자.

"일본 아이들이 활발하게 신체활동을 하는 모습이 인상적이었습니다. 코로나에 미세먼지에 아이들이 뛰어놀 수 있는 공간이 점점 줄어드는 게 안타까워요. 실내놀이는 아무래도 한계가 있으니까요. 빨리 아이들과 마음껏 산책하고 뛰어놀 수 있는 날이 왔으면 좋겠어요. 좋은 강의 감사합니다."

"일본에서 대근육 발달의 중요하게 생각하여 교구를 이용한 실내 놀이 보다 실외 놀이 위주로 하루 일과를 구성한다는 게 인상 깊었습니다. 대근육 발달의 중요성을 다시 한 번 깨달았어요."

"일본 아이들이 맨발로 교사와 자유롭게 활동하는 모습을 보면서 한국에서도 이렇게 아이들을 자유롭게 활동할 수 있는 기회를 만들어 주면 좋을 것 같다는 생각이 들었어요. 아이들의 기질에 따라 교사가 상호작용을 어떻게 해줘야 하는지를 자세히 배울 수 있어서 뜻깊은 시간이었습니다."

위 내용은 〈영아의 신체발달〉 강의를 들은 수강생들이 쓴 소감이다. 강의 중 일본 아이들의 신체활동 영상을 보여주었다. 소감처럼 아이들을 자유롭게 활동할 수 있는 기회를 주어야 한다.

**아이의
생각 읽기**

아이들을
자연에 놓아두면
자연이 키운다

"인성교육은 자연과 함께 더불어 살아가는데 필요한 인간다운 성품과 역량을 기르는 것을 목적으로 한다는 말씀 인상적이었습니다."

"야누스 코르착 원장님의 마지막까지 아이와 함께한 목숨 건 사랑이 인상에 많이 남아 있게 되었고, 교수님의 영아 교육에 대한 가슴과 열정이 보이는 귀한 수업이었습니다."

경기도 보육정책 중, 영아전담반 심화 교육 후 어린이집 원장과 교사가 쓴 수강 후기다. 맡은 과목은 '영아 인성과 인권'이다. 영아기 의미와 중요성과 인성과 인권의 기본이 되는 애착 형성 강의 후, 인성과 인권 발달을 얘기한다. 영아 인성은 자연과 함께해야 한다. 인간은 자연의 일부로 자연은 인간을 가장 편안하게 한다. 호기심이 무한한 영유아에게 자연은 무한한 배움의 공간이다.

도쿄 유학 시 교육 전문잡지에서 읽은 '자연을 이길 교사는 없다'라는 문구도 잊히지 않는다. 일본의 유치원과 어린이집에서는 닭, 오리, 토끼 등 가금류를 아이들을 키운다. 아이들이 먹이를 주고, 알을 낳으면 알을 만지면서 따뜻한 생명을 느낀다. 인성은 이렇게 자연스럽게 살아있는 생명을 대하고 감동해야 한다.

프랑스 소설가 앙드레 지드는 '지상의 양식'에서 "풀벌레 하나, 꽃 한 송이, 저녁노을, 사소한 기쁨과 성취에도 놀라워하는 사람이 진정한 부자다. 감동할 때 우리는 정화되고 행복해지고 신성해진다. 그리고 감동해야 감동을 줄 수 있다. 타인의 마음에 불을 전하려면 먼저 자기 마음이 불타야 한다. 가장 가난한 사람은 내면의 불이 꺼진 사람이다. 오늘 놀라운 일은 무엇이었는가? 감동하거나 마음에 파문을 일으킨 일은 무엇이었는가? 영감을 받은 일은 무엇이 있는가?"라고 했다.

아이들의 인성 발달을 위해서는 부모나 교사가 먼저 자연에서 감동할 줄 알아야 한다. 3년째 인간의 생활을 불편하게 하는 코로나19는 인간이 자연을 배려하지 않은 대가라는 생각이다. 인간의 욕망이 자연을 함부로 대하고, 생태계를 파괴했다. 아이들의 인성 발달을 위해서는 어른이 먼저 자연과 더불어 살고 아이들을 자연 속에 놓아두자. 자연이 아이들을 키워 줄 터다.

주려고만 했더니
아이들도 편안하고
저도 행복해요

"부모들에게 무조건 주려고 해요. 마음도 정보도요. 그랬더니
아이들도 편안하고 저도 행복해요."

만 1세 반 담임을 맡고 있는 어린이집 보육교사가 전한 말이
다. 1, 2월생들로 여아 3명, 남아 2명이란다. "모두 말도 잘하고 편
안해서 교사로서 행복해요."라고 한다. 전화기 너머로 그 행복이
전해오는 듯했다. 나와의 인연은 10여 년 전 보육교사 양성과정에
서였다. 이후 내가 운영하는 부모교육강사, 아동상담심리사, 다문
화가족상담사 교육과정을 이수했다. 이러한 과정을 통해 나의 교
육철학을 잘 이해했고 그것을 반영하려고 애쓰고 있다고 전한다.

**아이의
생각 읽기**

교육 중 내가 가장 강조한 부모 역할의 중요성을 알기에, 부모에게 마음과 육아에 관한 모든 정보를 주려고 한단다. 어느 가정의 예를 들어준다. 한 아이가 동생을 보게 되었다. 그렇게 되면 엄마가 산후조리원에 머물게 되어 아이와 엄마가 2주 정도 떨어져 있어야 한다. 그래서 교사는 엄마, 아빠에게 부탁했다. "애착형성기로 중요한 시기인데 엄마가 안 보이면 아이가 불안해할 수 있어요. 매일 자주 화상통화라도 해서 엄마 얼굴을 보여주세요."라고.

모든 것을 주려고 하니 아이들도 그 마음을 알고 교사를 찾는단다. 어느 날 아빠와 같이 등원한 아이가 있었다. 어린이집 입구에서 다른 교사가 안내하자 보육실에 들어오지 않고 아빠 곁에만 붙어 있다. 그 얘기를 듣고 담임이 데리러 갔다. 그랬더니 그때야 아이가 뛰어와 '와락' 안긴 후 보육실로 들어오더란다. "그때 정말 뿌듯하고 보람이 있었어요."라고 했던 목소리가 아직도 귓가에 남아 있다. 아이도 교사의 진정성을 아는 것이다.

다른 교사나 원장들도 사례를 전해 준 교사의 역할을 해야 한다. 아이하고도 잘 지내야 하지만 무엇보다 부모와 소통이 중요하다는 의미다. 이명수 심리기획가는 한여름 계곡에 데려간 아이가 부모의 의도를 알고 즐거운 척했다는 에피소드를 소개하며, "모든 부모는 완벽하게 불안전하다."라고 고백한다. 불안전하지만 아이가 안정감을 느끼게 한다면, 아이는 다른 곳에 가서도 편안하고 행복하다. 아이가 안정감을 갖게 되는 것은 다른 것이 아니다. 부모도 이 교사처럼 아이에게 주려고 하면 된다. 아이에게는 마음이면 충분하다.

**아이의
생각 읽기**

내 아이가 착하면 손해일까?

"보통 자식들에게 착한 것보다 현명하게 융통성 있게 살라고 이야기하는데, 영상에서 말한 것처럼 '도덕성이 높은 게 과연 요즘 세상에 맞는 것일까?'라는 생각이 듭니다. 도덕성은 자기통제로, 이로 인한 만족지연은 학업성취도까지 이어지지만, 성인이 되어 사회생활을 할 때 도덕성을 지키는 게 성공으로 이어질지는 의문입니다. 내용 중 공격적인 매체를 보는 것이 아이에게 미친 영향이 충격적이라고 생각했습니다. 어린 아이들일수록 매체를 보여주는 데 주의를 기울여야 할 것 같습니다. 아이들의 순수한 도덕성을 발달시키기 위해서는 긍정적인 동화나 이야기를 자주 접하게 해줘야 할 것입니다. 무엇보다 중요한 것은 부모나 교사가 모델이 되는 것입니다."

"부끄러움이 도덕성의 다른 이름입니다. 당신은 아이들에게 어떤 부끄러움을 알려주고 있나요? 아이들은 모방의 천재이므로 부모와 교사의 행동이 중요하고, 도덕성은 변화하므로 꾸준한 지도가 필요할 것 같습니다."

"영유아의 도덕성은 후천적이라는 생각이 듭니다. 양육자의 행동이나 언어, 태도를 통해 아이가 모방하므로, 먼저 양육자의 역할이 중요할 것 같습니다."

예비보육교사들에게 '영유아 발달 및 지도' 강의 시간에 도덕성 관련 영상(아이의 사생활, 도덕성)을 보여준 후 토의하게 했다. 조별 토의 후 나온 얘기들이다. 나는 석사논문은 아이의 사회성 발달과 어머니 양육태도 관계, 박사 논문은 아이의 사회도덕성 발달과 부모 양육태도 관계를 한국과 일본 비교를 했다. 도쿄 유학 시 석사논문 지도교수는 '친사회성 발달'을 연구한 전문가였다. 그는 아이의 '죄책감'에 대해 연구해 보면 어떻겠느냐고 했다. 나는 '죄책감'이란 단어가 무겁게 느껴졌다. 관련 선행연구를 찾아봤다. 당시만 해도 연구가 많지 않았다. 그래서 내가 관심이 있던 사회성 발달 연구를 했다. 지금 생각하면 지도교수가 제시한 '죄책감'은 '양심', '부끄러움'의 다른 이름이었다. 이는 도덕성 발달에 중요한 전제라

**아이의
생각 읽기**

는 생각이다.

내 아이가 착하면 손해일까? 성인 학습자로 자녀 양육 중인 예비교사들은 토의 내용을 보면 그러지 않을까 하는 생각이다. 심리학자 곽금주는 "도덕성은 내 아이의 경쟁력이다."라고 한다. 왜냐하면 행동적 측면까지 실험한 도덕성 연구에서 도덕성이 높은 경우, 아이 모든 발달과 긍정적 상관관계가 있었기 때문이다.

성인을 대상으로 한 도덕성 실험도 했다. 대학생들에게 아르바이트 비용으로 10만 원을 준다고 전화로 먼저 연락했다. 실제로 만나 15만 원을 건넨다. 대부분 그대로 받는다. 한 학생이 받으며 말한다. "왜 이렇게 많이 줘요. 15만 원이나."라고 한다. 실험이기에 건넸던 돈을 다시 돌려받는다. 학생은 떨리는 모습으로 돌려주며, "입이 방정이다. 가만히 있었으면 15만 원 받았을 텐데, 그래도 행복하다."라고 한다. 여기서 '행복하다'고 말한 것이 중요하다. 내면의 만족감은 자존감, 자신감과 연결된다. 어려서부터 이렇게 자란다면, 긍정적 자존감 형성으로 모든 발달에 바람직한 영향을 미칠 수밖에 없다. 그래서 도덕성 발달은 내 아이의 경쟁력이다.

아이들의 도덕성 발달을 위해서는 부모, 교사 등의 양육자 역할이 중요하다. 텍사스 오스틴대 엘리자베스 거쇼프 교수는 체벌 받은 아이를 연구했다. 그 결과 체벌 받은 아이들은 반사회적 공격성 성향이 높음을 밝혔다. 아동권리협약의 사상적 배경이 된 야뉴스 코르착은 "세상에는 많은 끔찍한 일들이 있지만, 그중에 가장 끔찍한 것은 아이가 자신의 아빠, 엄마, 선생님을 두려워하는 일이다."라고 했다. 양육자는 아이를 훈육의 대상이 아닌 인권의 주체로 보고, 자율과 공감 속에서 성장하도록 해야 한다.

**아이의
생각 읽기**

다문화 아이들과
함께 노는 것이
아이의 경쟁력이다

"아이들 엄마들로부터 항의 전화가 와요. 어떻게 그 아이와 놀게 되었나요?"

"다문화 가족 아이들이 많은 어린이집은 정원 채우기가 힘들어요. 그렇지 않은 지역은 대기아가 있는 경우도 있지요. 심할 경우는 아이들 초등학교 갈 시기에는 다른 지역으로 이사를 가요."

먼저 사례는 K시 다문화 특성화 어린이집 교사가 전한 말이다. 여기서 '그 아이'는 아이의 엄마가 우리나라보다 경제적으로 가난한 나라에서 온 경우를 의미한다. 우리나라보다 부자라고 생각한 나라의 엄마를 둔 아이와 놀 경우는 괜찮단다. 두 번째 사례는 내가 맡은 대학원 박사과정 강의 시 어린이집 원장으로 근무하고 있는 수강생이 전한 말이다. 이사 간다는 의미는 아이를 다문화 가정 아이들이 많이 다니는 초등학교에 보내지 않기 위해 옮긴다는 것이다.

항의 전화를 하고 이사 가는 부모들은 내 아이가 다양한 문화를 경험하고 보다 풍요로워질 기회를 잃고 있음을 알아야 한다. 예를 들어 동남아시아나 중앙아시아 어느 나라에서 온 엄마를 둔 아이를 생각해보자. 그 아이는 엄마 나라의 문화를 체험하고 엄마 나라 언어를 배울 수 있는 이중언어 환경에 놓인다. 한국에서만 생활한 엄마를 둔 아이보다 훨씬 더 다양한 환경이지 않은가.

P시에서 5년 정도 매달 결혼이주여성, 난민, 유학생 등을 만나 인터뷰했다. 건강한 '자아'를 가진 이들이 한국을 찾은 이유는 '행복'과 '더 나은 삶'을 살고 싶다는 바람이 공통점이다. 또 가장 행복했을 때는 아이가 있는 경우는 모두 '아이를 낳았을 때'이다. 그런데 그런 내 아이가 어린이집이나 유치원, 학교에 가서 다른 친구들이 놀아주지 않는다면 그 부모 마음은 어떨까. 그 아이들은 한국에서 태어났고 나중에 크면 국방 의무를 하는 한국의 아이들이

**아이의
생각 읽기**

다. 어느 분은 '다문화 가족'이 아닌, 그냥 '행복한 가족'으로 살고 싶다고 했다. '다문화'라는 말 자체가 구별 짓고 있기 때문이다. 그래서 '상호문화'라는 말을 사용하기도 한다.

이중언어 스피치 대회에 참가한 적이 있다. 중국어로 유창하게 가족을 소개하던 아이, 영어로 유창하게 자신을 소개하던 아이 등이 떠오른다. 그 아이들과 내 아이가 함께 지내는 게 좋지 않겠는가? 영어를 이중언어로 사용하는 아이를 생각해보자. 우리는 영어를 공부하기 위해 얼마나 많은 시간과 돈을 투자하는가? 나 역시 그랬다. 심지어 도쿄에 유학 가서도 영어 학원에 다녔다. 월 100만 원이나 하는 영어 유치원에 보내는 것보다 영어를 할 수 있는 엄마를 둔 가족과 함께 어울리는 게 내 아이가 훨씬 더 영어를 배울 수 있는 환경이지 않겠는가. 다문화가족 아이들은 언어뿐만 아니라 문화도 다양성을 갖춘 아이들이다.

우리는 2020년부터 코로나 팬데믹을 경험하면서 그야말로 세계가 하나로 연결된 지구촌임을 실감한다. 앞으로 내 아이는 인터넷 사용 증가, 세계 여행 빈번 등으로 더 세상을 살아갈 것이다. 그렇다면 아이가 어려서부터 다양한 환경에 놓인 다문화가족 아이들과 지내는 것은 내 아이의 경쟁력이지 않을까.

아동복지는
아이 관점에서
부모를 지원해야 한다

"아동의 권리와 복지 뿐 아니라 부모를 지원하는 등의 다양한 방식으로 더욱 더 발전되어야 함을 알게 되었습니다. 앞으로 교사가 되면 다양한 문화나 장애 등에 관심을 갖고 임하겠습니다."

"아동의 권리에 대해 깊이 있게 생각해볼 수 있었습니다. 24시간 돌봄이 아동이 원해서 시행되는 것이 아니라는 것을 알게 되었고, 어떤 아동복지 서비스가 있는지 또 그 서비스의 개선방안은 무엇이 있는지 알게 되는 유익한 시간이었습니다. 교수님 말씀처럼 다양한 지식을 알고 있는 교사가 되고, 또 지식보다는 지혜를 바탕으로 교육하는 유아 교사가 되도록 노력하겠습니다."

유아교육과 4학년 대상으로 강의했던, '아동복지와 권리' 종강 때 학생들이 쓴 글이다. 특히 내가 강조했던 아이 관점에서 부모 지원의 중요성을 잘 짚어주었다. 여기 소감에 나와 있듯이, 24시 돌봄을 받는 아이 입장을 생각해보자. 아이가 부모를 떠나 24시간 다른 곳에서 지내기를 원하겠는가. 물론 부모 입장에서는 어쩔 수 없는 상황에서 아이를 맡겼을 것이다.

보육교사 대상 특수직무교육으로 〈영아전담〉 강의 때다. 남자 교사가 있었다. 어떤 원에서 근무하고 있는지 잠깐 얘기를 나눴다. 24시간 어린이집에서 낮에는 다른 일을 하고 밤 근무시간에 아이들을 맡고 있다고 한다. 어떤 아이들이 24시간 돌봄을 받고 있는지 물었다. 3교대로 근무하는 엄마들의 아이라고 했다. 엄마가 3교대 근무를 벗어나 육아에 조금 더 집중할 수 있는 양육지원 시스템이 갖춰진다면, 아이는 24시간 어린이집에 맡겨지지 않아도 될 터이다. 적어도 아이 발달에 중요한 시기만큼이라도 이런 지원이 있었으면 한다. 김선우 시인은 "한 개인이 자존감을 지키며 살 수 있도록 돕는 것이 복지다.(가난의 증명, 한겨레, 2015년 2월 17일)"라고 했다. 자기 의사를 다 밝힐 수 없는 아이들도 마찬가지다.

한 수강생은 "아동복지 수업을 들으며 교수님이 아이들을 얼마나 위하시는지 느낄 수 있었습니다. 우리나라 아동복지의 현 주소에 대해 다시 한번 생각해보게 되었고 우리 아이들을 위해 내가 할 수 있는 일이 무엇일지 깊게 고민할 수 있었습니다. 이 수업을 통해 배운 지식을 실천할 수 있는 그리고 언제나 아이들의 이익을 우선으로 하는 교사가 되겠습니다."라고 했다. 이처럼 아이들 이익을 우선하는 정책, 어른들이 많아지길 바란다.

**아이의
생각 읽기**

아이가 주체적으로 배워야 한다

"교육학개론 수업을 들으면서 교사로서의 방향성에 대해 생각해 볼 수 있었습니다. 막연하게 교사가 주도적으로 가르치는 것이 교육이라고 생각했는데 수업을 들으면서 교사가 되었을 때 영유아들이 학습의 주체가 되고 학습을 지원하는 교사가 되어야겠다고 생각하게 됐습니다." "수업을 듣기 전에는 그저 교사는 학생들에게 가르침을 주기만 하는 것이라고 생각했었는데 한 학기 동안 수업을 들으면서 교사가 아닌 영유아들이 교육의 주체가 되어야 하고 교사와 영유아뿐만 아니라 부모들도 함께 교육에 적극적으로 참여해야 한다는 것을 배우게 되며 교사가 되기 위해 더 노력해야겠다고 생각하였습니다." "교육학개론을 배우면서 교육의 환경과 아동이 능동적,

주체적으로 학습하는 것이 얼마나 중요한지 알게 되었습니다. 학습하는 데 있어서 자연적으로 아동이 학습을 하는 것이 얼마나 중요한 지 깨닫게 되었습니다."

유아교육과 1학년 교직과목으로 '교육학개론'을 강의했다. 마지막 종강 때 수강생 소감들이다. 대학에 들어와 첫 학기에 비대면 실시간으로 들었던 교직과목으로 조금 어려울 수도 있다. 그래도 내가 전달하고자 한 핵심 메시지는 파악하고 있어 보람이다. 수강생이 전한 내용 중 공통점은 아이는 능동적 존재이므로 주체적으로 배우게 하라는 점이다.

아이들의 사고 과정을 연구해 인지발달 단계를 제시한 스위스의 피아제는 "아이는 능동적인 존재로, 가지고 태어난 인지구조로 환경과 상호작용하며 발달하는 작은 과학자이다."라고 했다. 그는 생물학자로 과학자답게 자신의 아이 세 명을 연구대상으로 했다. 실험을 통해 아이들은 감각운동기, 전조작기, 구체적 조작기, 형식적 조작기의 인지발달 단계를 거친다고 했다. 단계마다 그 시기에 할 수 있는 질적 사고를 하고 있음을 밝혔다.

**아이의
생각 읽기**

아이들이 주체적으로 배우게 하기 위해서는 부모나 교사가 아이의 관심과 흥미를 파악해야 한다. 나는 20여 년 전부터 어린이 집, 유치원에서 '놀이중심' 운영을 해야 함을 강조했다. 늦었지만 다행히 2019년부터 놀이중심 교육과정·보육과정으로 바뀌었다. 놀이는 아이들이 스스로 선택해서 하는 활동이다. 전제조건은 아이가 관심과 흥미를 느낄 수 있는 환경을 구성해 주어야 한다.

한 수강생이 "교육학개론을 배우면서, 이론을 배울 수 있었고 어려운 부분은 팀원과 토의하기 등으로 해결할 수 있어서 유익한 시간이었습니다. 또 교수님께서 한결같이 유익하고, 좋은 자료로 말씀해 주셔서 감사드리고 싶습니다."라고 했다. 이처럼 부모나 교사도 아이들이 관심과 흥미를 느낄 수 있도록 준비하고, 또래들과 주체적으로 배울 수 있게 해야 한다. 상황에 따라 질문이 아닌 발문을 통해(비계설정) 아이들이 스스로 생각하면서 배워가게 하자.

자기주도 학습은 영유아기부터 시작해야 한다

컴퓨터 바탕화면에 저장된 연초에 받은 새해 인사를 열어봤다. 눈에 띄는 플라워 레터가 있었다. 7년 전 K 대학 교양수업 '행복론'에서 만난 학생이 보낸 것이었다. 이 학생은 매년 인사를 전해오고 있다. "새삼 교수님의 수업을 듣던 날이 종종 생각납니다. 학생들이 수업을 주도적으로 할 수 있도록 배려하신 교수님의 교육철학은 제게 신선한 충격이고 좋은 경험이었습니다."라고 했다.

찬찬히 보니 꽃바구니 위에 "웃음 2배, 걱정은 0, 사랑 2배, 행복 2배"라 쓰인 제작사 덕담과 바구니 담긴 꽃이 작약인 듯 "작약꽃의 꽃말은 새로운 시작입니다."라는 말도 쓰여 있다. 새해 편지를 보낸 학생은 의료계 전공 학생이었다. 그러다 보니 교과목 공

아이의 생각 읽기

부 방식이 주로 외우거나 실습이었을 테다. 그런 수업을 주로 받다가 교양수업으로 받은 내 과목은 자기 생각을 발표하고, 다른 학생들과 토의하거나 감사한 내용을 써보는 경험은 새롭게 받아들여졌을 터이다.

　나는 도쿄에서 7년 공부했다. 우리와 그들과 교육의 가장 큰 차이점을 얘기하라면 교사가 주도권을 갖는가, 학생들에게 주도권을 주는가의 차이이다. 이는 영유아기 교육도 마찬가지다. 물론 우리나라 교육도 자기주도 학습으로 많이 바뀌었다. 그러나 일본과 비교한다면, 아직도 교사가 주도권을 갖는 경우가 많다. 스스로 생각하는 시간을 주기보다 답을 알려주거나 깊이 있게 생각하게 하는 발문하기보다 알고 있는지, 그렇지 않은지 질문에 단답형으로 답변하게 하는 경우가 많다.

　이런 교육의 결과를 대학생의 시험답안에서도 확인한다. 나는 시험 결과의 변별력을 갖기 위한 적은 문항의 단답형 외에는 핵심을 토대로 자기 생각을 쓰면 점수를 후하게 주는 논술형 문제에 비중을 두고 출제한다. 그런데 대부분의 학생은 논술형을 어려워한다. 단순 지식을 그냥 외워서 쓰는 시험에 익숙해 있기 때문이다.

문제는 자기주도 교육을 제대로 받지 못한 교사들에 의해 교육이 진행되다 보니 아직도 교사 주도적 교육이 이루어지고 있다는 점이다. 영유기부터 자기주도 학습을 위해서는 우선 교사들이 개입을 최소화하고 아이들이 스스로 생각하는 시간을 충분히 주었으면 한다. 나는 이를 '덩어리 시간'이라 칭한다.

도쿄 유학 시 대학원 선배 중, 아동교육학과 교수인 사토가 있다. 그가 나와 공동연구로 한국에 왔다. 그때 내가 맡은 유아교육 관련 강의 시간에 특강을 요청했다. 그가 준비한 강의 자료는 해당 대학의 부속유치원 아이들의 생활이었다. 그중 인상 깊은 장면이 잊히지 않는다.

한 아이가 등원하면서 우유 종이팩을 갖고 왔다. 아이는 교실 한쪽에서 뭔가를 한참이나 만든다. 교사는 아이를 몇 번 바라보지만 개입하지는 않는다. 시간이 지나 그 아이는 기쁜 목소리로 선생님과 친구들에게 말한다.

"봐봐, 내가 로봇을 만들었어."

**아이의
생각 읽기**

그 아이는 혼자서 우유 종이팩을 재활용해 로봇을 만들면서 자르고, 접고, 붙이고 했을 터이다. 스스로 얼마나 많은 원리와 개념을 배웠을 것인가? 자기주도 학습을 위해서는 다음으로 답을 주지 말고, 스스로 생각하도록 비계설정으로 발문했으면 한다. 비계란 발판, 디딤돌로 건물을 지을 때 세우는 가설물이다. 원래는 건축학 용어이지만, 교육학에서는 러시아의 심리학자 비고츠키가 말한 개념이 있다.

예를 들면, 내가 어렸을 때는 얼음 찾기 게임이나 처마에 매달린 고드름 찾기 게임을 했다. 놀이로 누가 찾은 얼음이 두껍고 고드름이 큰지를 살피는 것이다. 아이들은 두꺼운 얼음과 큰 고드름에 관심이 있다. 즉 결과만 생각하는 것이다. 만일 이 게임을 어린이집이나 유치원에서 한다면, 교사가 할 수 있는 비계는 응답을 가르치며 "얘들아, 왜 저기는 얼음이 저렇게 두껍게 얼었을까?"라고 발문하는 것이다. 그러면 아이들은 그곳은 햇볕이 잘 들어오지 않은 곳이라는 것, 그래서 습했다는 것, 그런 곳은 온도가 낮아 얼음이 두껍게 언다는 것 등을 생각하게 된다.

스스로 생각하는 아이들로 자라도록 교사들이 아이들의 활동에 개입을 최소화하여 스스로 생각하는 시간인 덩어리 시간을 주고, 답을 주지 말고 발문하는 비계를 설정해 주길 바란다. 이는 부모도 마찬가지이다.

3장

사랑받고
존중받고 싶은
아이들이
보이는 행동

아이의
신경질적인 말투가
신경 쓰여요

"아이가 매사에 신경질적인 말투를 쓰는 게 신경 쓰여요."

사회적 거리두기가 완화되었지만, 코로나19가 여전한 상황에서 모 고등학교에 오랜만에 부모교육을 다녀왔다. 대학 때 '아동발달', '부모교육' 등 내 교과목을 들었던 학생이 강의가 너무 좋았다며 강사로 소개한 자리였다. 참석한 부모에게 먼저 질문지를 배부해서 아이 기본사항과 부모로서 신경 쓰이는 아이 행동, 부모와 자녀 관계 등에 대해 알아봤다. 자녀들의 연령대는 초등학생부터 대학생까지였다. 아이 행동 중 부모가 신경 쓰이는 행동은 신경질적인 말투, 소극적인 대인관계, 게임 시간 많음과 태블릿 사용 과다, 외모 신경 쓰는 행동, 늦잠, 늦은 등교, 강박, 이성 문제 등이었다.

그중 아이 발달 전문가인 나에게 가장 눈에 띄는 아이 행동과 부모 정서가 있었다. 아이가 매사에 신경질적인데 엄마 마음의 날씨가 소나기였다. 여기서 엄마 날씨는 아이가 자신을 어떤 날씨로 느낄지 써보는 것이다. 사실 아이는 소나기보다 더 세게 느낄 수 있다. 아이가 신경질적인 것은 이와 상관관계가 있다고 본다.

아이 행동은 문제행동이 아니다. 마음을 나타내고 있다. 우리는 어떨 때 신경질과 짜증이 나는가? 마음이 불편할 때다. 그 불편함은 어디서 오는가? 나와 가장 가까운 사람과의 관계에서 온다. 그럼 아이에게 가장 가까운 사람은 누구인가. 바로 부모이다. 아이는 지금 부모의 사랑과 관심받고 싶다는 신호를 보내고 있다. 부모가 아이를 사랑하지만, 아직 채워지지 않고 있다는 의미다.

사랑은 부모 방식의 사랑이 아니라, 아이가 사랑으로 느끼는 게 사랑이다. 사랑은 도착점이다. 신경질적인 아이에게는 다른 방법보다 아이가 부모의 사랑을 느낄 수 있게 해주는 것이 특효약이다. 욕망 투영이 아닌 인격적 존중과 진정성이 필요하다. 부모의 변화를 기대한다.

아이의 생각 읽기

아이는 왜
어른들 눈치를
볼까?

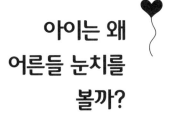

"만 3세아가 새로 어린이집에 왔어요. 그런데 자꾸 선생님 눈치를 봐요. 종종 깜짝 놀라기도 하고요."

대학원 박사과정 '아동복지 세미나' 종강 시간에 '아동학대와 아동복지' 발표를 맡은 수강생이 전한 사례이다. 어린이집을 운영하는 원장이다. 어떤 연유에서인지 다른 어린이집에 다니던 아이가 새로 왔다. 그런데 아이가 자꾸 교사나 원장 눈치를 보고, 깜짝 놀라기도 한다는 것이다. 나중에 이전 어린이집에 알아본 결과, 엄마의 학대로 분리 조치를 받은 적이 있는 아이란다.

등원 때 아이를 데리고 온 엄마는 전혀 그런 내색을 하지 않는단다. 특별한 행동은 늘 강아지를 같이 데리고 오고, 아이보다 강아지에 더 관심을 보이는 엄마라는 것이다. 아이를 데려다주고 강아지와 카페로 가서 늘 냉커피를 즐겨 마신단다. 어린이집 행사에는 엄마 대신 늘 아빠만 참석했다고 한다.

아이가 교사나 원장 눈치를 보는 것은 엄마에게 학대받은 트라우마 때문일 것이다. 이전 어린이집에서 엄마 면담이 있었는지 모르겠지만, 새로 다니게 된 어린이집에서 엄마와 면담을 통해, 아이를 대하는 행동에 변화가 있도록 해줬으면 어땠을까 하는 아쉬움이 있다.

아이 마음을 생각해보자. 가장 사랑받고 싶고 자기 마음을 가장 많이 차지하고 있을 엄마가 따뜻하게 대해주지 않고 한때는 학대로 상처까지 줬으니 아이 마음은 어떠하겠는가? 엄마가 아이를 아프게 하고 있다. 아이가 교사나 원장 등 어른 눈치를 보는 것은 당연하다. '엄마가 그랬듯이 이 사람들도 그러지 않을까?'라는 무의식적인 생각으로, 자신을 보호하기 위해 방어하는 행동을 보이고 있다. 결국 아이는 다시 다른 유치원으로 갔다고 한다. 그곳에서 교사나 원장이 전문가 입장에서 아이 엄마와 면담이 있기를 바란다.

**아이의
생각 읽기**

세계적인 소아정신과 의사들이 주목하고 있는 상담이론 중, 생애 초기 대상과의 관계를 중요시하는 '대상관계이론'이 있다. 이 이론을 미국에서 공부하고 한국에 '대상중심이론'을 도입한 고 임종렬 박사는 부모 자녀 관계를 "어미 닭이 압력 없이 따뜻하게 품어주는 것과 같아야 한다."라고 했다. 상처받은 아이를 품어주는 엄마, 어른들을 기대한다.

사랑받고
존중받아야 할
아이들

"애착 형성의 중요성을 다시 한번 깨닫는 시간이었습니다. 새 학기에 교사와 애착 형성으로 안정감을 갖고 교사 뒤만 졸졸 따라다니는 저희 반 영아가 생각나는 시간이었습니다."

어린이집 영아반 교사를 대상으로 한 강의 소감이다. 영아기뿐 아니라 인간 발달 전체를 두고 가장 중요한 애착의 중요성을 깨달았다니 다행이다. 그러나 선생님만 따라다니는 아이를 보고 애착 형성으로 안정감을 갖고 하는 행동으로 보는 것은 다시 생각해야 한다.

교사만 졸졸 따라다니는 아이들의 행동은 교사와 애착이 형성되어서가 아니다. '엄마가 나를 놔두고 회사에 갔듯이 선생님도

아이의
생각 읽기

다른 곳으로 가지 않을까?'라는 불안 때문이다. 연애해 본 사람은 안다. 내가 좋아하는 사람과 떨어져 있더라도 그 사람이 나를 사랑해 준다는 믿음이 있다면 내 일에 열중할 수 있다. 그러지 않을 경우는 불안한 마음으로 자주 전화를 걸어 확인한다.

생각해보자. 선생님만 따라다니는 아이와 마음이 편안해서 교실에 있는 교구를 갖고 활동하거나 다른 친구들과 사이좋게 지내는 아이 중 누가 더 발달에 도움이 되겠는가. 당연히 후자다. 부모나 교사가 자신을 사랑해 준다는 확신이 있다면, 엄마나 선생님이 잠시 보이지 않더라도 다시 내게 와준다는 믿음이 있는 아이는 혼자 놀거나 또래와 잘 지낸다. 부모나 교사는 아이와 질적인 상호작용을 통해, 아이가 자신을 사랑해 준다는 확신을 갖도록 해야 한다.

의사를 그만두고 20여 년 동안 부모 없는 아이들과 함께한 폴란드의 야누스 코르착은 『어린이를 사랑하는 법』에서 이렇게 말한다. "나는 어린이와 청소년을 돌보는 일을 20년 넘게 해왔다. 그래서 어린이들에게 필요한 것은 오직 한 가지, 사랑받고 존중받는 것임을 안다. 어린이들에게는 그럴 권리가 있다." 아이들이 사랑받는다는 확신뿐 아니라, 존중받는 믿음까지 있다면 가장 좋을 터이다. 이 땅의 모든 아이가 사랑과 존중받기를 희망한다.

아이의 권리를
생각하는 부모와 교사가
많아져야 한다

"아동권리와 복지 과목을 정말 재미있게 들었습니다. 여러 사례들과 함께 수업을 듣다 보니 너무 기억에 남는 수업이 될 것 같습니다. 이번 교수님께 한 학기 동안 배운 것들 현장에서도 잘 활용하여 훌륭한 교사가 될 수 있도록 노력하겠습니다. 한 학기 동안 너무 좋은 수업 해주셔서 감사했습니다!"

"아동복지 수업을 들으며 우리나라 아동복지의 현주소를 알게 되었고 다른 나라의 사례를 통해 어떻게 개선해나가야 할지 생각해보게 되었습니다. 교사가 되어 아이들을 위해 내가 할 수 있는 일이 무엇인지 생각해볼 수 있었고 교수님처럼 뜻을 가지고 이를 행동으로 옮길 수 있는 교사가 되고 싶습니다. 한 학기 정말 고생 많으셨고 감사합니다."

"한 학기 동안 아동복지와 권리 수업을 들으면서 모든 아동의 권리를 위해 앞으로 어떤 유아 교사가 되어야 하는지 깊게 생각할 수 있었습니다. 또한, 그동안 몰랐던 다양한 아동복지 서비스에 대해 알 수 있었고 이러한 서비스를 비판적인 시각에서 바라보며 진정한 아동복지가 무엇인지도 생각할 수 있었습니다. 배운 내용을 바탕으로 아동 권리를 위한 교사가 되도록 노력하겠습니다. 한 학기 동안 감사했습니다."

"이 수업을 듣기 전까지는 아동복지와 권리를 단순히 아동을 보호하는 단어라고만 생각했습니다. 하지만 이 강의를 통해서 아동권리와 복지는 아동이 누려야 하는 당연한 권리를 위해 관련법, 사람들의 인식, 환경에서의 변화 등 다양한 관점에서의 변화가 이루어져야 한다는 것을 알게 되었습니다."

유아교육을 공부하는 4학년을 대상으로 '아동권리와 복지' 과목을 강의했다. 위 내용은 종강 때 나온 얘기들이다.

수강생들의 소감과 같이 우리나라 아동복지는 아직 열악하다. 보완하고 개선되어야 할 점도 많다. 무엇보다 아동의 당연한 권리를 부모나 교사가 놓치고 있기도 하다. 보호를 떠나 천부권인 권리를 누릴 수 있는 아동이 많아지길 기대한다. "배운 것들 현장에서도 잘 활용하여 훌륭한 교사가 될 수 있도록 노력하겠습니다.", "교수님처럼 뜻을 가지고 이를 행동으로 옮길 수 있는 교사가 되고 싶습니다."라고 했듯이 예비교사들이 현장에 나가 실천하기를 기대한다.

**아이의
생각 읽기**

만 2세 갈등 중재, 어떻게 해야 하나요?

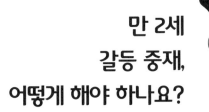

"만 2세 반을 맡고 있어요. 소유욕으로 갈등이 잦아요. 어떻게 개입해야 할지 잘 모르겠어요."

'보육실습' 과목에서 한 예비보육교사가 힘든 점이 없느냐는 물음에 "사실은 허리가 좀 아파요."라고 한 다음 덧붙인 질문이다.

아이들은 장난감이나 먹을 것 등을 놓고 자주 갈등한다. 연구에 의하면 빠른 아이는 12개월 이전, 대체로 18개월 전후에 자아를 인식한다. 영아는 내가 갖고 있는 소유물을 통해 자기인식을 하기도 한다. 따라서 물건을 갖고자 하는 것은 발달상 보이는 당연한 행동이다.

아이들이 어린이집이나 유치원에 와서 또래와 갈등하는 또 하나의 이유는 경험의 부재이다. 요즘은 형제·자매가 없이 외동인 경우가 많다. 그러다 보니 집에서는 장난감은 나 혼자 갖고 놀고, 먹을 것도 나 혼자 먹어도 된다. 그러나 원에 오면 또래와 장난감을 같이 가지고 놀아야 하고, 먹을 것도 나눠 먹어야 한다. 이런 경험이 없는 아이들이 혼자 갖고 놀고 싶고, 혼자 먹고 싶어 하는 것은 당연하다.

기질 연구자로 알려진 하버드대학교 제롬 케이건은 기질이 아이들의 행동을 결정한다고 본다. 그의 연구에 의하면, 수줍음을 잘 타는 아이들은 부정적인 감정에 쉽게 반응하는 편도체를 갖고 있다고 한다. 반면에 외향적인 아이의 편도체는 예민하지 않아 에너지 발산이 많다고 한다. 이에 소아신경과 전문의 김영훈은 "행동은 성격에서 나오고, 성격은 기질에서 나온다."라고 한다. 따라서 기질에 따라 장난감이나 먹을 것을 놓고 자주 갈등하는 아이가 있을 수 있다.

특히 까다로운 기질의 아이들은 자아가 강하기 때문에 논리적 대응이 필요하다. 그 대응은 다음 4단계로 하면 좋다.

**아이의
생각 읽기**

1단계, 아이의 요구와 바람을 인정한다.

"○○이가 ○○를 갖고 놀고 싶구나."

2단계, 현재 상황을 인식시킨다.

"그렇지만 이 장난감을 ○○도 갖고 놀고 싶어 하는데 하나밖에 없네."

3단계, 대안을 제시한다.

"○○가 조금만 더 가지고 놀다가 ○○가 갖고 놀도록 해줄까?"

"다른 놀이 하다가, 이따 또 갖고 놀까?"

"오늘은 여기까지 놀고, 내일 또 갖고 놀까?"

4단계, 마지막 선택은 아이가 하게 한다.

현장에 근무하고 있는 교사 대상 강의 시에는 상황을 만들어 4단계를 제시해 보라고 하면 2단계와 3단계를 어려워하며 빠트리기도 한다. 특히 3단계 설정 시 중요한 점은 1단계 아이의 요구를 충족시켜 줄 수 있는 대안 세 가지 정도를 제시하는 것이다. 아이는 원하는 것이 충족되어야 다음 행동이 가능하기 때문이다. 또 대안이 두 개일 경우에는 선택의 폭이 좁아지기 때문이다. 전문가들은 아이가 갈등하거나 떼를 쓰는 상황에서 이 4단계 제시를 세 번만 하면 다시는 고집을 부리지 않는다고 한다. 부모나 교사는 아이들이 갈등 경험을 통해 타인의 욕구도 이해하고, 나눔을 배울 기회로 삼아야 한다.

**아이의
생각 읽기**

누구를 위한
아이 사진인가?

"선생님들이 아이들 사진 찍느라고 바빠요. 아이들과 제대로
상호작용하기도 어려워요. 누구를 위한 사진인지 모르겠어요.
언제까지 이런 연출을 해야 하죠?"

보육 실습을 다녀온 예비보육교사 최종보고회 때 나온 얘기
다. 현재 어린이집에 근무하는 영유아 교사 대상 강의 때에도 현장
개선사항으로 꼭 나오는 얘기이기도 하다. 어린이집이나 유치원에
보내는 부모 입장에서 아이가 하루를 어떻게 보내는지 궁금할 터
다. 그래서 사진으로나마 보기를 원한다. 어떤 부모는 영상을 원하
기도 한단다. 수요자의 요구인지라 원을 운영하는 원장은 교사들
에게 사진을 찍어 보내줄 것을 바랄 것이다. 물론 모든 원장이 그러

지는 않을 터이다.

아이들 활동사진은 필요할 때 한두 장 정도라면 괜찮겠지만, 거의 활동마다 사진을 찍는 곳도 있단다. 그러다 보면 아이들을 관찰하고 적절한 상호작용의 기회를 놓칠 수 있다. 또 경우에 따라서는 사진 촬영을 위한 활동이 될 수 있다. 실제 한 교사는 현장 실습 활동으로 아이들과 고구마를 캐러 가서, 농장 주인이 이미 다 캐 놓은 고구마를 들고 아이들 사진을 찍는 연출을 했단다.

이 문제를 해결하기 위해 두 가지를 제안한다. 하나는 부모들은 유치원이나 어린이집에서 내 아이가 어떻게 지내는지 궁금하겠지만, 꼭 필요한 경우 말고는 사진이나 영상을 보내달라고 요청하지 않기를 바란다. 전문가와 아이를 믿고 "선생님이 잘해주시겠지, 아이는 잘 지내겠지."라고 믿어야 한다. 다른 하나는 전문가인 원장이 부모들에게 선생님이 사진을 찍는다면 아이와 상호작용이 어렵고, 꼭 하지 않아도 될 일에 에너지를 쓰기 때문에 그만큼 아이 발달에 바람직하지 않을 수 있음을 확실하게 전할 필요가 있다.

보육과 교육의 본질은 아이들의 발달과 성장을 지원하는 것이다. 본질을 놓치지 않는 부모, 전문가들이기를 바란다.

**아이의
생각 읽기**

문제행동이 아니라
신경 쓰이는
행동이다

"교수님께서 말씀하신 것 중 현장에 가서 아이들이 보이는 행동을 문제행동으로 인식하는 게 아닌 신경 쓰이는 행동으로 인식하도록 해야 한다는 말씀을 잊지 않고 적용하겠습니다."

"교육심리 과목을 수강할 수 있어 정말 좋았습니다. 영유아 교육 현장에서 실제로 활용 가능한 방법 등을 생각해 볼 수 있어서 좋은 시간이었습니다. 영유아와 함께 성장하는 교사가 되고 싶습니다."

대학에서 교육심리 과목을 수강한 학생이 종강 때 전한 강의 소감이다. 대상이 예비 유아 교사인 만큼 앞으로 유치원이나 어린이집에 나가 적용점을 고민하고 토의하게 했다.

아이들이 보이는 공격적 행동, 떼쓰기 행동 등을 문제행동이 아닌 '신경 쓰이는 행동'이라 여기라 한다. 이 내용을 특별히 기억해 준 학생이 있어 기쁘다. 왜냐하면 이 관점이 매우 중요하기 때문이다. 만일 아이들이 보이는 행동을 문제행동이나 부적응으로 여긴다면, 강압적으로 개입할 여지가 있다. 그러다 보면 아이는 긴장하고 더 좋지 않은 방향으로 발달할 수 있다.

아이들의 행동은 그냥 하는 것이 없다. 부모나 교사와의 관계에서 나온다. 정신분석 상담가 이승욱은 이를 '관계의 증상'이라 한다. 그러므로 지도 이전에 관계 맺기가 핵심이다. 교사는 아이 부모와의 관계를 살피고, 적절한 매개 역할을 해주어야 한다. 교사 자신은 진정성을 갖고 아이와 신뢰감을 형성해야 한다. 문제 아이는 없다. 문제는 어른에게 있다.

**아이의
생각 읽기**

손흥민 선수가
양말을 신을 때
왼발부터 신는 이유

"손흥민은 5주 동안 단 하루도 거르지 않고 매일 1,000개의 슈팅을 때려야 했다. 오른발로 500개, 왼발로 500개였다. 당시 손흥민은 '이러다 죽을 수도 있겠구나' 하는 생각을 했다. (중략) 손흥민은 지금의 양발 슈팅 능력과 세계 톱클래스로 평가받는 슈팅 정확도가 이때의 훈련에서부터 자리를 잡아가기 시작했다고 말한다. 손흥민은 왼발을 조금이라도 더 잘 쓰고 싶은 마음에 양말을 신을 때도 항상 왼발부터 신었다."(김동욱, '매일 1,000개씩 슈팅' 손흥민 월드클래스 만든 지옥 훈련, 동아일보, 2022. 5. 17.)

심리학자 하워드 가드너는 뇌의 특정 부위와 관련된 아홉 가지 지능이 있다는 다중지능 이론을 창시했다. 아홉 가지는 대인관계, 언어, 자기성찰, 논리육·수학, 공간, 신체육·운동, 자연 친화, 음악, 초월 지능이다. 가드너는 누구나 이들 지능에서 강점과 약점이 있다고 했다. 이 아홉 가지 지능 중 세 가지 강점 지능이 조화로운 분야의 일을 하면 잘 해낼 수 있고 행복하다고 했다. 특히 세 가지 강점 지능 중 자기성찰, 즉 자신이 누구인지를 성찰하고 어떤 상황에서 왜 그 일을 하는지를 생각하는 힘이 상위지능이 들어가야 함도 강조한다. 나는 다중지능 검사 결과 대인관계, 언어, 자기성찰, 논리·수학이 상위지능이다. 세 가지 지능에 동점이 있어 네 가지가 되었다. 교육자이자 연구자인 나의 일과 잘 맞는 강점 지능들이다.

축구선수 손흥민의 다중지능 검사를 해보면, 신체육·운동, 공간, 자기성찰 지능이 강점 지능이지 않을까 싶다. 여기서 공간 지능을 넣는 것은 공간 지능이 뛰어나야 축구공이 올 자리에 미리 갈 수 있고 적절한 곳에서 골을 넣을 수 있기 때문이다.

손흥민 선수의 아버지 손정웅은 아들이 축구를 행복해하기에 하게 하는데, 대신 지독한 훈련을 시킨다고 알려져 있다. 소아

**아이의
생각 읽기**

신경과 전문의 김영훈은 "부모는 매일 일정 시간 동안 아이의 강점을 이해하고 강점과 연결하여 가르칠 때, 아이는 보다 많은 것을 공부할 수 있을 것이다."라고 한다. 손 선수의 아버지는 이 점을 알고 아들에게 오른발뿐 아니라 왼발로도 슈팅하게 했을 터다. 손 선수는 이제 스스로 양말을 신을 때조차 왼발부터 신고 있다. 부모는 아이에게 자신의 욕망을 투영시켜 어떤 직업을 갖게 해서는 안 된다. 가드너가 얘기했듯이 이미 프로그램화된 강점 지능을 활용해야 잘할 수 있고, 행복할 수 있다. 그 강점을 활용해 약점을 보완하도록 해야 한다. 세계적인 축구선수 손흥민 선수의 아버지처럼.

신체 발달
지원이
왜 중요할까?

여성가족부 산하 한국건강가족진흥원 아이돌보미 사업이 있다. 영유아기 신체운동 발달에 관한 내 블로그 글을 보고 Y시 담당자로부터 강의 의뢰 연락이 왔다. 본론에 들어가기 전 학습자들에게 질문을 했다. "영아의 신체발달 지원이 왜 중요할 것 같나요?" 그러자 "나중에 아이가 움직여야 하기에 중요한 것 같아요.", "대근육, 소근육이 발달해야 때문일 것 같아요."라는 대답이 나왔다.

영아 신체발달의 원리, 신체발달 지원 방법 등이 적혀 있는 교재 내용을 말하기 전에 사례 사진과 영상을 보여줬다. 일본의 어느 보육소(어린이집) 사례이다. 한국 어린이집 원장 30여 명을 안내하면서 직접 촬영한 것이다. 만 5세 아이들부터 만 1세까지 제비처

아이의
생각 읽기

럼 양팔을 벌리고 운동장을 도는 모습이다. 아이들 움직임에 맞춰 연주하는 피아노 소리도 들린다. 아이들은 10월 말인데 반바지, 맨발 차림이다. 교사들도 아이들과 활동하기 편한 옷차림으로 함께 달린다.

아이들의 일과는 주로 바깥에서 감각과 신체운동 활동을 한다. 교실에는 우리나라처럼 교구나 교재가 거의 없다. 등원하면 큰 바구니에 겉옷을 벗어놓고 밖으로 나간다. 넓은 운동장, 흙과 모래로 만들어진 언덕, 토끼·닭·양을 키우는 곳 등 다양한 장소에서 친구들과 뛰어놀거나 탐색·조작활동을 한다.

신체활동은 43개 종목으로 프로그램화했다. 예를 들면 양팔을 벌리고 제비처럼 날기, 토끼처럼 선 자세로 제자리에서 점프하기, 금붕어처럼 눕거라 엎드려서 허리를 중심으로 몸 흔들기 등이다. 달리기, 줄넘기, 공치기 등도 한다. 이 원은 1956년에 개원해 70여 년의 역사를 갖고 있다. 개원한 이래 신체발달을 중요한 목표로 삼고 있다. 2009년에 세상을 떠난 설립자는 그가 쓴 책에서 영유아기 신체발달 지원이 왜 중요한지를 다음과 같이 밝히고 있다.

"나는 취학 전 0세에서 6세까지의 체육·스포츠는 단지 신체를 건강하게 하는 목적뿐 아니라, 뇌발달을 위해 즉 지적발달을 위해 매우 중요하다고 본다. 왜냐하면 운동신경은 감각신경과 함께 뇌중추 신경과 연결되어 있는데, 두 신경발달이 뇌중추 발달을 촉진하기 때문이다. 더구나 취학 전 6년은 뇌중추가 가장 잘 발달하는 시기로, 6세경까지 성인의 90%에 도달한다고 알려져 있기 때문이다."(斎藤公子, リズムあそび)

뇌중추 발달은 6세까지 90%이나 3세까지 80%로 알려져 있다. 그러므로 영아기 신체운동 발달 지원은 영아의 뇌발달을 위해 매우 중요하다. 또한 대근육과 자율신경 발달에도 도움이 된다. 우리나라 영유아 교육기관에는 운동장이 좁거나 없다. 또 부모들은 미세먼지나 위험한 환경을 염두하여 외부활동을 좋아하지 않는다. 아이 발달의 본질을 놓치고 있다. 부모는 충분한 신체활동이 내 아이 발달에 중요함을 알아야 한다. 원장이나 교사도 마찬가지다. 어른들의 생각이 바뀌어 아이들이 신체활동을 맘껏 하길 기대한다.

아이의
생각 읽기

배변훈련은
언제, 어떻게 하면
좋을까?

"요즘 부모님들은 어린이집에서 배변훈련을 해달라고 해요."
"30개월인데 배변훈련에 전혀 관심을 갖지 않고 실수를 해요."

어린이집 교사 대상 강의 중에 나온 얘기들이다. 배변훈련은 부모나 교사가 관심을 갖고 정성스럽게 지도해야 하는 아이의 발달과업이다. 무엇보다 아이의 성격 형성에 영향을 미친다. 〈놀이치료로 행복을 찾은 아이 베티〉라는 책에는 불안과 고립감을 갖고 있던 6세 베티를 2년간 치료한 내용을 담고 있다. 베티는 7개월 때 배변훈련을 시작한다. 15개월 이후에는 실수를 하면 맞기까지 한다. 이런 양육으로 심한 불안을 갖게 되었다고 볼 수 있다.

뇌신경 발달적으로 0~6개월에는 방광에 소변이 쌓이면 반사적으로 배설하는 시기이다. 6~10개월에는 방광이 점차 커져 어느 정도 소변을 참을 수도 있다. 10~18개월 뇌와 신경이 발달하여 방광의 감각을 느낄 수 있으며 대소변 지도를 준비할 수 있다. 18~24개월에는 배변이 나오는 느낌을 지각할 수 있어 배변 지도를 시작할 수 있다. 근육 발달적으로 보면, 15개월 정도가 되면 항문 주위의 괄약근이 발달하여 아이 스스로 조절할 수 있게 된다. 그러므로 빠르면 15개월 정도에 배변훈련을 시작할 수도 있다. 그러나 이러한 발달은 개인차가 있으므로 고려할 필요가 있다.

아이는 배 속에서 만들어지는 배변을 통해 자아의식을 갖게 된다. 정신분석학자 프로이트는 배변을 "아이가 자기 자신에게 주는 첫 선물이다."라고 했다. 또 1세에서 3세는 쾌감을 느끼는 성적 에너지 리비도가 항문에 집중되는 시기라 했다. 그러므로 누구에 의해 강압적으로 배설하게 해서는 안 되고 스스로 힘을 주어 배변을 보면서 만족감을 느껴야 건강한 성격이 형성된다고 보았다. 강압적으로 배변훈련을 하게 되면 공격적이고 난폭한 성격이 될 수 있다.

배변훈련 시기는 아이의 환경과 발달에 따라 다를 수 있다. 단, 너무 빨리 시작하거나 너무 늦게 시작하기보다 위에서 언급한 발달을 고려하여 적절한 시기에 시작하는 것이 좋다. 이때 무엇보다 주의해야 할 점은 성격 형성에 부정적인 영향을 미치므로 강압적으로 하지 말아야 하는 점이다. "15개월 때 동물 변기를 거실에 놔두었어요.", "여아인데 엄마가 대소변 하는 것을 보여줬더니 금방 따라서 하더군요. 18개월 때 대소변 훈련이 끝났어요.", "19개월 여아인데 배변훈련 시작한 첫날, 바로 변기 위에다 유아용 범퍼에 앉혔더니 응가했어요.", "우리 꼬맹이는 아침에 일어나 우유 먹고 나면 바로 응가를 하는 습관이 있어요.", "쪼그려 앉아 있길래 얼른 변기에 앉혀 주었어요." 위 사례는 대체로 빨리 배변훈련을 마친 사례. 어린이집 교사들에 의하면 평균 30개월이 넘어 배변훈련이 끝나기도 한다.

배변훈련 방법은 앞의 사례에서처럼 모방하게 하거나, 허공에 소변을 보는 것에 대한 공포를 가질 수 있으므로 아이 변기를 사용하게 하는 것이 좋다. 또 아이가 변기에 친숙해지도록 하는 것이 좋다. 소아신경과 전문의 김영훈은 "아이는 똥을 자신이 만든 위대한 창조물이며, 자기 몸에서 나온 분신이라고 여긴다. 그처럼 소중한 똥이 주인공으로 등장하면 대부분 아이는 자지러지게 좋아한다. 시기적으로 생후 20개월이면 대소변 가리기 훈련이 시작되는 때이기도 하다. 이때 배변훈련과 관련된 그림책을 보여주면 화장실에 대한 두려움을 없애주고 변기와 친숙하게 해 줄 수 있다."라고 한다. 또 '응가', '쉬'나 구체적으로 '똥', '오줌' 과 같은 말을 알려주어 유아가 대소변 욕구를 느낄 때 언어적으로 느낌을 표현하게 해야 한다.

배변훈련 중 아이가 실수하더라도 야단쳐서는 안 된다. "38개월 때 기저귀를 떼고, 실수를 하면 소변 위에 엎어져 자신의 실수를 가리려고 해요." 보육교사가 전한 말이다. 아이는 이미 자신의 실수를 알고 수치심을 느끼고 있다. 거기에 야단까지 맞으면 자존감이 낮아진다. 양육자의 인내와 섬세한 지도가 필요한 이유다.

**아이의
생각 읽기**

내 아이가
다른 아이보다
발달이 많이 늦어요

"유전상담 및 검사, 모든 임산부와 영유아의 정기검진 의무화, 예방접종 등 예방 서비스에 대한 국가의 역할을 강화해야 합니다."

"장애아와 평생 함께 해야 할 가족이 갖게 되는 막중한 스트레스와 부담감, 이 모습을 지켜보는 장애아동 또한 죄책감과 스트레스를 받게 됩니다. 때문에 장애아동 가족을 지원하는 서비스 개선과 함께 후견인제도, 장애연금제도 등을 현재 보다 높은 수준의 서비스를 도입해야 합니다."

유아교육을 공부하는 4학년 학생들이 〈장애아동 복지〉 강의 후 개선해야 할 사항에 대해 쓴 내용이다. 첫 번째 의견은 예방적 관점을 제시하고 있고, 두 번째 의견은 장애 가족에 대한 서비스 관점에서 말하고 있다. 둘 다 일리가 있는 의견이다. 예방적 관점에서 사례를 통해 부모 역할을 생각해 보고자 한다. 장애통합교육에 관심을 갖고 3년간 국제연구를 했다. 세계에서 장애통합교육을 가장 잘하고 있다는 덴마크, 아시아에서 가장 앞선다는 싱가포르, 그리고 한국, 일본, 인도 5개국 학자들이 참여했다.

도쿄에서 각국 학자들이 모여 세미나를 개최했다. 그때 싱가포르대학 연구자가 "싱가포르에서는 아이가 출생하면 청력 검사 등을 국가에서 의무적으로 하고 있다."라고 했다. 뇌성마비, 자폐 스펙트럼, 서번트 증후군, 청각장애 등의 장애 사례를 다룬 김혜원의 <특별한 너라서 고마워>라는 책이 있다. 여기에 나온 청각장애 사례를 통해 적절한 시기 개입의 중요성을 살펴보고자 한다. 아이가 3개월 먼저 태어났고, 소리에 반응을 안 보이지 않았다. 부모는 그 상태로 그냥 1년 보내고, 두 살이 되어서 진단받게 된다. 결국 보조기구를 몸에 부착해야만 하는 상황에 이르렀다. 만일 싱가포르처럼 출생 시 의무적으로 청력 검사를 했다면, 청력에 문제가 있음을 알았을 테고 인공와우관 시술로 기구를 착용하지 않아도 되지 않았을까 싶다.

**아이의
생각 읽기**

외국학자들과 연구차 방문했던 한국 장애통합어린이집 담당자들이 모두 가장 안타까워했던 점이 있다. 아이의 발달지체에 대해 부모들이 인정하지 않으려고 하다 시간을 놓친다는 점이었다. 시간을 놓친 사례를 하나 들어본다. 부모는 아이가 10개월 되던 때 한 푼이라도 더 벌어야겠다고 생각했다. 그래서 아이를 두 시간 거리 할머니에게 맡겼다. 일주일에 한 번 주말에 아이를 보러 갔다. 돌이 지나고 나서 할머니가 아이가 이상하다고 했다. 이름을 불러도 눈을 마주치지 않고, 말도 '아빠' 단어만 되풀이한다. '잼잼 놀이'조차 안 된다. 자동차, 쟁반 등 모든 물건을 굴리는 행동만 반복한다는 것이었다. 부모는 1년을 그냥 보내고 24개월 때 국내 유명 전문의를 찾았다. 이후 자폐증으로 진단받는다.

내 아이가 다른 아이와 다르게 발달이 많이 늦는다고 생각된다면, 일단 전문가 상담을 받아볼 것을 권한다. 빠를수록 좋다. 시간을 놓치면 위 사례들처럼 더 큰 대가를 치를 수 있음을 기억하자. 장애통합교육을 가장 잘하고 있는 나라인 덴마크에서는 장애를 특별하게 생각하지 않고 하나의 특성으로 여긴다고 한다. 장애인인권센터 김예원 변호사는 많은 사람 입에 오르는 드라마 '이상한 변호사 우영우'를 보고 말한다.

"사람은 그 존재 안에 수많은 다양성을 안고 살아간다. 드라마 속의 우영우도 나도 그러하다. 그런데 장애인은 종종 그 사람 안의 다양한 특성이 '장애'라는 한 단어로 납작해지는 경험을 한다. 장애는 질병과 다르기에 앓는 것도 아니며 단지 한 사람을 구성하는 여러 정체성 중 하나일 뿐이지만, 이렇게 장애라는 개념만으로 존재가 납작해지면 세상은 그 사람의 노력이나 성취 역시 장애라는 관점을 통해서만 이해하기 일쑤이다. 그러다 보니 거의 필연적으로 지겨운 장애 '극복' 서사가 뒤따라오게 된다."

물론 덴마크에서 장애를 보는 관점이나 김 변호사의 생각에 동감한다. 그래도 어린아이를 둔 부모라면 예방적 관점에서 접근할 경우가 있으므로, 내 아이 발달지체의 조기 발견과 전문적 개입을 고려했으면 한다.

**아이의
생각 읽기**

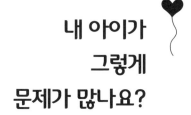

내 아이가
그렇게
문제가 많나요?

"내 아이가 그렇게 문제가 많나요?"

종합병원 임상치료사가 상담을 온 부모들에게 듣는 말이란다. 유치원이나 어린이집에서 아이 행동을 보고 부모에게 조심스럽게 전문 검사를 받아보라고 권유했을 터이다. 이에 병원을 찾은 부모가 하는 말이다. 보육과 교육 현장에서 전문가인 교사나 원장이 봤을 때, 아이가 지나치게 산만하거나, 언어발달이 많이 늦거나 하면 몇 번을 벼르다가 부모에게 말을 꺼냈으리라 본다. 그나마 이렇게 하는 기관은 제대로 역할을 하고 있다고 생각하면 된다.

"제가 봤을 때 아이 발달이 많이 늦고 많이 불안해요. 엄마와 불안정 애착이라는 생각이 들어요. 그 이야기를 엄마에게 전하고 싶은데 원장님은 못 하게 해요. 어떻게 해야 하죠?"

보육교사가 전한 말이다. 이렇게 아이 행동에 대해 사실을 말하지 않는 기관도 있다. 물론 모든 원장이 부모에게 사실을 전하는 것을 막지는 않을 것이다. 원장이 나서서 부모를 만나 상담하는 경우도 있을 것이다. 간혹 일부 원장은 만일 아이 행동을 있는 그대로 부모에게 전하면 부모가 기분 나빠 혹여 기관을 그만두지 않을까 하는 염려가 있으리라 본다.

이 아이의 엄마는 전문직에 종사하고 있고, 아이를 할머니에게 맡기고 주말에만 아이와 만나고 있다고 한다. 아이가 보이는 행동을 미루어 보아 일주일에 한 번 만나는 엄마가 자신을 사랑한다는 믿음과 확신을 갖지 못하고 있다고 보인다. 그렇다면 엄마를 만나 아이가 보이는 행동 그대로 말해주고 관계 형성에 도움이 될 수 있도록 하는 게 기관의 역할이지 않을까.

"우리 반 아이들은 다 급하고 까다로워요. 순한 아이들은 다 어느 반으로 갔을까요?"

아이의
생각 읽기

"요즘 아이들은 산만함은 문제도 아니죠."

어린이집 보육교사와 원장이 전한 말이다. 최근 아이들 행동이 신경 쓰이는 부분이 많다는 의미이다. 나는 문제행동이나 부적응 대신 '신경 쓰이는 행동'으로 부르자고 제안한다. 아이가 보이는 행동은 '더 관심과 사랑받고 싶어요.'라는 신호를 보내고 있는 것이지, 결코 문제행동이 아니기 때문이다. 이런 아이 중 유난히 눈에 띄는 아이가 있을 터이다. 교사와 원장은 아이를 지켜보다가, 신중하고 어렵게 부모에게 전문적 진단을 받아보라는 말을 꺼낼 것이 틀림없다. 부모는 내 아이를 맡긴 어린이집이나 유치원에서 그런 말을 들었을 때 당혹스럽고 받아들이기 어려울 수도 있다. 그러나 전문가들이 전한 말은 내 아이, 내 가족을 위한 것이지 않을까. 그렇다면 부모가 어떻게 해야 할지 확실하지 않은가 싶다.

언어발달 지연 아이, 어떻게 도와줄까요?

"만1세 영아가 이름을 불러도 반응이 없고, 언어는 전혀 못하고 '어어…'로만 표현해요. 보호자는 검사 결과 언어발달 지체라고 했다고 해요. 어떻게 하면 좋을까요?"

어린이집 보육교사 대상 강의 후 받은 질문이다. 최근 언어발달 지연 아이들이 늘고 있다. 선천적 청각 장애나, 임신이나 출생 후 질병으로 인한 청력 장애 외에는 양육환경 문제라 볼 수 있다. 청각에 장애가 있을 때는 초기에 인공와우관 수술이나 보청기 등 의학적 조치 후 언어치료로 언어발달에는 크게 문제 되지 않는다. (김영훈, 의성·의태어 많은 그림책을 읽어 주라, 베이비트리)

아이의 생각 읽기

언어발달은 먼저 들어야 말을 한다. 여기서 듣는다는 것은 사람의 목소리여야 의미가 있다. 아이는 좌측 뇌에 말을 듣고 이해할 수 있는 능력인 '베르니케 영역'과 말을 산출할 수 있는 '브로카 영역'을 갖고 태어난다. 엄마 배 속에 있는 시기부터 청각에 반응하며, 대뇌피질에서 듣는 영역인 청각이 가장 활성화하는 시기는 12개월 이전이다. 이 시기에 사람의 목소리에 노출되는 게 가장 좋다. 그중에서도 높은 톤의 여성의 목소리, 즉 태내에서 들은 엄마의 목소리면 더욱 좋다.

아이를 둘러싼 환경을 생각해 보자. "갓난아이가 뭐 알까?" 하고 언어적 상호작용을 많이 하지 않을 수 있다. 또 TV나 스마트폰에서 나오는 기계음에 노출되는 경우가 많다. 기계음은 아이의 뇌에서 의미 있게 받아들이지 못한다. 이런 환경이 아이의 언어발달 지연을 가져오게 된다.

상담실에서 본 장면이다. 아이의 언어발달 지체로 온 엄마와 아이가 대기실 소파에 앉아 있다. 아이는 엄마 옆에서 뒹굴뒹굴 놀고 있다. 엄마는 계속 스마트폰만 들여다본다. 엄마에게 전화가 왔다. 아이의 아빠인 듯하다. 엄마는 전화기에 대고 "심심하면 게임

하면 되잖아."라고 한다. 아마 집에 혼자 있다 보니 심심하다고 했나 보다. 이 가정의 풍경이 그려진다. 엄마 아빠는 주로 스마트폰으로 게임을 하고 있지 않나 싶다. 그러면서 아이의 언어발달 지체로 치료실을 찾고 있다.

또 한 사례이다. 어린이집에 다니는 4세 아이다. 아이가 말을 잘하지 못한다. 엄마는 아이가 어린이집에서 집에 오면 아이를 유모차에 태워 공원으로 나간다. 두 시간 정도 걸으면서 스마트폰을 주로 본다. 집에 같이 있을 때도 엄마가 하는 일은 스마트폰으로 주로 경제 흐름을 듣는단다. 그러면서 주위 사람들에게 "어떻게 해야 아이가 말을 잘해요?"라고 묻는단다.

소아신경과 전문의 김영훈은 아이의 청각 발달을 돕기 위하여 부모는 다음과 같은 노력을 하여야 한다고 조언한다. 신생아 때부터 소리를 듣는지를 확인하라, 여러 가지 방향에서 소리를 들려주자, 높은 음에 가락이 좋고 억양이 강한 말을 하라, 좋은 음악으로 집중력을 증가시키자, 아이의 목소리나 생활의 소리를 녹음하여 들려주자, 의성어·의태어가 있는 그림책을 읽어주어라, 악기놀이를 하자, 스크린을 쳐놓고 여러 소리를 들려주자.

**아이의
생각 읽기**

앞의 사례의 경우 언어치료사가 발화나 표현 등을 돕겠지만 한계가 있을 수 있다. 아이와 가장 많은 시간을 보내고 심리적으로 가까운 양육자와의 상호작용이 중요함을 알게 한다. 어린이집에서는 반에서 언어발달이 좋은 아이와 어울리게 하는 것이 좋다. 먼저 식사나 간식시간에 교사는 의도성을 갖고 말을 잘하지 못하는 아이 곁에 말을 잘하는 아이를 앉게 한다. 음식을 나눌 때 가장 가까워질 수 있기 때문이다. 식사 외 놀 때도 같은 그룹이 되도록 해준다. 환경적 문제로 인한 언어발달 지체는 부모나 교사의 질적이고 반응적인 상호작용이 중요함을 인식하고 노력할 필요가 있다.

왜 교사와
먹는 것에
집착할까요?

"어린이집에서 담임교사가 엉덩이만 떼면 울고, 먹는 것에 유난히 집착하는 아이가 있어요. 왜 그럴까요?"

아동발달 세미나 때 어린이집 교사가 이 아이에 대해 상담하고 싶어서 참석했다며 질문한다. 아이는 14개월 남자아이로 부모가 일하고 있다. 등·하원은 엄마, 아빠가 하고 있다. 아이 위로 누나가 있는데 발달지체로 발달센터 도움을 받고 있다. 엄마는 교사의 행동에 조언하는 등 조금 예민한 편이다.

아이의 행동을 조금 더 구체적으로 살펴보면, 선생님이 이동하려고 조금만 움직여도 아이는 소리치며 운다. 낮잠 잘 때도 항상

아이의
생각 읽기

담임교사에게 한쪽 발을 올리고 잔다. 교사가 식판에 밥을 배식하는 시간도 못 참고 빨리 밥을 달라고 소리친다.

내가 직접 아이의 행동을 보고 부모를 만나 상담한 것이 아니지만, 아이가 왜 그런지 어느 정도 예측할 수 있다. 아이의 행동은 불안 때문이다. 원인은 엄마와의 관계에 있다. 엄마가 나를 제대로 돌봐주지 않고 나를 두고 일하러 가듯이 선생님도 그러지 않을까 하고 집착을 보인다. 이로 인한 심리적 허기짐을 먹을 걸로 채우고자 먹는 것에 집착을 보이는 것이다.

엄마는 지금 큰 아이 문제로 어려운 상황으로 마음이 편하지 않다. 이 상황에서 아이는 엄마에게 충분하게 사랑받고 있다는 생각을 갖기 어렵다. 대상관계심리학에서는 아이가 사랑받고 싶은 대상에게 충분히 사랑받고 있다는 느낌을 갖는 것이 중요한데, 이를 '용전'이라 한다. 아이는 '용전'의 경험을 못한 불안을 행동으로 나타내고 있다.

부모가 변해야 한다. 아이 입장에서 엄마가 자신을 충분히 사랑해 준다는 믿음이 있어야만 행동이 긍정적으로 바뀐다. 엄마가 큰아이 문제로 힘든 상황이라는 것은 충분히 알 수 있다. 그러나 둘째도 중요한 시기이므로 이 시기를 놓치지 않았으면 하는 바람이다. 아이 때문에 힘든 부모를 응원한다.

아이의
생각 읽기

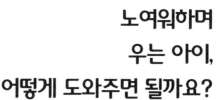

노여워하며
우는 아이,
어떻게 도와주면 될까요?

"11개월 된 남아입니다. 요즘 무슨 이야기를 하면 노여워하며 울어요. 어떻게 도와주면 될까요?"

어린이집에서 영아를 돌보는 원장이나 보육교사를 대상으로 하는 '영아 심화' 교육과정 후 받은 질문이다. 아이는 양육자와의 상호작용을 통해 정서를 발달시킨다. 정서는 다른 사람과의 관계 형성의 기초가 되고, 아이가 느끼고 원하는 것을 표현하는 의사소통 기능을 갖는다.

아이는 흥분, 고통 등 몇 개의 정서를 갖고 태어나고, 이후 여러 정서로 분화 발달한다. 3~4개월이 되면 노여움, 놀람, 슬픔의 정서가 나타난다. 12개월 정도가 되면 인간의 기본 정서인 '희노애락애오욕'의 정서가 출현한다. 이후 24개월 정도까지 자부심, 양심 등 2차 정서도 발달한다.

11개월 아이가 노여움을 갖는 것은 아이의 심리, 마음을 나타내는 것이다. 우리도 노여울 때가 있다. 어떤 경우인가? 내 마음대로 행동할 수 없을 때나 상대가 내 마음을 몰라 줄 때 등이다. 아이도 마찬가지다. 잘못된 행동이 아니라 지금 마음이 불편하다는 신호이다.

아이 마음의 불편함은 양육자와의 관계에서 온다. 먼저 아이가 가장 사랑받고 싶은 대상, 아이의 마음을 가장 많이 차지하고 있을 부모, 특히 엄마와의 관계를 살펴볼 필요가 있다. 부모 면담을 통해 아이의 행동을 정확히 전달하고 가정에서 어떤지 물어서 살펴야 한다. 부모가 주는 사랑의 방식이 아닌 아이가 사랑받고 있다는 믿음과 확신을 가질 수 있는 관계인지 확인해야 한다. 또 어린이집에서는 교사와 아이와의 관계를 살필 필요가 있다. 아이가 선생님을 편하게 느끼고, 사랑받고 있다고 느낄 수 있을지 반성적 사고로 생각해야 한다.

**아이의
생각 읽기**

소아신경과 전문의 김영훈은 태아기 때 이미 기쁨, 불안, 노여움 감정이 생긴다(엄마 뱃속 4개월, 태아는 이미 안다, 베이비트리)고 했다. 그러므로 엄마는 항상 즐겁게 지내도록 노력해야 함을 강조한다. 또 태아의 성격은 유전자보다 자궁 내 환경에서 얻는 경험에 좌우되기 때문에 태아의 오감을 충족시키고 스트레스를 줄일 것도 권한다.

태아기부터 노여움의 감정이 생긴다는 관점에서는 엄마가 즐겁고 편안한 상태에서 지낼 수 있도록 노력해야 한다. 출생 후 정서의 분화 관점에서는 아이의 노여움은 양육자와의 관계가 편안해지고, 엄마나 교사가 자신을 사랑한다는 믿음과 확신을 갖게 될 때 사라진다고 할 수 있다. 아이의 노여움은 양육자와의 관계의 증상임을 알고 이에 대한 대처가 필요하다.

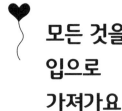

모든 것을
입으로
가져가요

"만 1세 반에서 보육실습을 했어요. 한 아이가 모든 것을 입으로 가져가는데 왜 그렇죠?"

보육실습을 다녀온 예비보육교사 최종보고회 때 나온 질문이다. 이유는 두 가지다. 하나는 입을 통해 만족하려는 구강기이기 때문이다. 또 하나는 입이 눈과 같은 역할을 하는 시기이기 때문이다.

구강기의 개념은 정신분석학자 프로이트가 제시한 개념이다. 그는 성적 본능인 리비도가 신체의 어느 부위에 집중하는가에 따라 인간의 발달단계를 5단계로 나눴다. 태어나서 1세, 또는 1세 반까지를 입에 집중하는 구강기로 명명했다. 이때 입을 통해 적절

**아이의
생각 읽기**

한 만족감을 느껴야 원만한 성격이 형성된다고 봤다.

아이의 감각 중 가장 늦게 발달하는 감각은 시각이다. 그래서 이 시기의 아이는 입을 통해 사물을 인지하려고 하고 있다. 만져보고 입을 넣어보는 탐색 과정을 통해 인지 도식을 만들어 간다. 따라서 이 시기는 입으로 가져가도 괜찮은 재료와 위생을 고려한 환경 구성을 할 필요가 있다. 장애통합교육 관련 국제연구 수행차 서울의 어느 어린이집에 일본, 헝가리 학자와 방문한 적이 있다. 그 어린이집에서는 그림책을 헝겊으로 만들어서 아이들에게 제공하고 있었다.

구강기 발달 특성과 입을 통해 인지 도식을 만들어가는 영아의 발달 특성을 알고 그에 적절한 환경을 만들어주어야 한다. 이를 통해 부모와 교사는 아이의 성격형성과 인지발달을 도울 필요가 있다.

동생이 태어난 후
동물 인형에
애착을 보여요

"24개월 아이가 동생이 태어난 후 동물 인형에 애착을 보여요."

"21개월 아이가 애착 인형이 없으면 어린이집 생활을 못 해요."

"4세 아이가 가져온 애착 인형이에요(사진)."

"밤에 잘 때 애착 인형을 찾아요."

"만 8세인데 애착 인형과 애착 담요를 갖고 왔어요."

어린이집 교사와 아이 엄마들이 한 말이다. 아이가 부모를 포함한 주 양육자, 즉 사람과 애착 형성이 되지 않았을 때 보이는 중간대리 애착 현상이다. 애착 형성은 누군가와 정서적인 관계 형

**아이의
생각 읽기**

성으로 그 사람과 같이 있으면 편안함을 느끼는 것을 말한다. 애착은 인생 초기 영아기에 형성된다.

정신분석학에서는 수유 상황을 애착 형성의 중요한 조건으로 보는 데 비해, 동물행동학에서는 실험을 통해 애착을 형성하는 데 중요한 조건으로 먹는 것보다 접촉하는 것을 든다. 할로우 박사는 원숭이 대리모를 만들었다. 한 마리는 우유가 달렸으나 철사로 된 대리모, 다른 한 마리는 먹을 것은 없으나 따스함을 느낄 수 있는 털로 만들어진 대리모였다. 실험 결과, 먹을 때만 철사로 된 대리모에게 가지만, 남은 시간은 털로 된 대리모에 붙어 있었다. 이를 통해 애착 형성의 중요한 조건은 먹는 것보다 접촉하는 것이 중요하다는 사실을 밝혔다. 또 애착 형성의 조건은 즉각적이고 민감한 반응이다. 아이가 원할 대 바로 반응해 주고, 아이가 원하는 것, 요구하는 것에 민감하게 반응이 무엇보다 중요하다.

부모나 교사는 아이가 중간대리 애착 물건을 찾거나 가져올 때는 아이가 사랑받고 싶어 하는 대상과의 애착 형성을 도와야 한다. 애착 형성을 통해 정서적으로 편안함을 느끼게 되면 자연스럽게 해결될 수 있다. 인생 초기의 애착 형성은 인간관계의 원형이 되고, 이후 발달에 지속해서 영향을 미친다. 애착 형성은 아이의 가장 중요한 자산이다.

아이의
생각 읽기

아이가 손을 빨아요

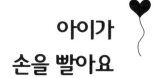

"만 2세 반 6명을 돌봤어요. 그중 손을 빠는 아이가 기억에 남아요. 엄마 아빠가 직장을 다니고 있어, 아침 여덟 시에 어린이집에 와서 저보다 더 늦게 오후 일곱 시에 귀가하는 아이였어요. 그러다 보니 선생님도 통합반, 기본반, 연장반으로 세 번 바뀌는 아이였어요."

4주 또는 6주 보육실습을 다녀온 예비보육교사 최종보고회 때 나온 얘기다. 부모교육의 중요성, 식사나 배변지도, 안전, 상호작용, 개인차 고려, 보육교사의 점심시간과 휴가 확보의 어려움, 과다한 업무, 학급당 인원수의 많음, 매시간 활동사진을 촬영해서 가정으로 보내는 것의 문제 등이 언급되었다. 그중에서 가장 많이 나온 애기는 행동지도였다.

아이가 엄지손가락을 빠는 것은 문제행동이 아니라 심리를 나타내는 신호이다. 아이는 불안하다는 신호를 보내고 있다. 아이의 마음을 생각해 보자. 아침 여덟 시 어린이집에 도착하면 다른 친구들은 없다. 엄마는 자기를 어린이집에 맡기고 회사에 간다. 통합반 선생님과 같이 있다가 시간이 되면 담임 선생님과 또래 친구를 만난다. 오후가 되면 같이 지내던 또래들은 집으로 가고 선생님도 바뀐다. 엄마가 데리러 올 때까지 연장반 선생님과 둘만 남아 있을 때가 많다.

엄마와 집에 돌아온다. 엄마는 저녁밥을 하거나 집 정리 등으로 바쁘다. 엄마와 같이 지내고 싶어 엄마 옷자락을 붙들고 졸졸 따라다닌다. 엄마는 "잠깐만 기다려봐." 하며 집안일 하느라 함께 놀아주지 못한다. 아이는 사랑받고 싶은 대상에게 사랑받고 있다는 믿음과 확신을 가질 수 없다. 이런 양육환경에서 아이는 불안할 수밖에 없다. 그 불안을 손가락 빠는 것으로 위안받고자 하고 있다.

아이가 손가락 빠는 것을 멈추게 하려면 부모의 변화가 필요하다. 아이가 부모의 사랑을 느끼도록 하는 것이다. 아이는 기다려주지 않는다. 가능하면 부모가 일을 줄이더라도 아이와 더 많은 시간을 보내고, 그 시간을 질적으로 보내야 한다. 어린이집 교사와 원장은 아이 입장에서 부모와 상담해야 한다. 부모 면담은 전문가로서 꼭 해야 할 역할이다. 부모를 변화시키는 교사를 기대한다.

반항적인
아이 때문에
힘들어요

"만 3세 반 다섯 명을 맡고 있어요. 한 아이는 자위행위를 하고, 한 아이는 산만해요. 제일 힘든 아이는 반항적인 아이예요. 이 아이 엄마 아빠는 직장에 다니고 할머니가 주로 키우고 있어요."

교사가 가장 힘들다는 반항적인 아이 얘기를 들으며, 그 아이 마음을 생각해 보자고 했다. 엄마, 아빠는 직장 다니느라 바쁠 터이다. 아이를 사랑하겠지만, 아이가 원하는 만큼 질적인 시간을 보내기는 쉽지 않을 것이다. 할머니가 등·하원을 해줄 뿐만 아니라 어린이집에서 돌아온 후에도 주로 같이 시간을 보내고 있다. 엄마, 아빠와 같이 보내는 시간은 퇴근 후 잠자기 전이나 휴일 정도이리

**아이의
생각 읽기**

라. 아이와 함께하는 시간이 적더라도 아이의 마음을 읽고 정서적으로 함께 해주는가가 중요하다. 이 아이의 입장에서는 엄마 아빠가 자신을 사랑한다는 믿음과 확신이 부족하리라 보인다. 할머니가 아무리 사랑해도 그걸로 채워지지 않는다. 왜냐하면 가장 사랑받고 싶고, 마음속을 가장 많이 차지하고 있는 사람은 엄마 아빠이기 때문이다. 엄마 아빠가 자신을 사랑해준다는 믿음과 확신이 있어야 한다.

아이의 반항적인 행동은 불안과 불편함에서 나온다. 원인은 바로 자신이 사랑받고 싶은 대상과의 관계 때문이다. 그래서 상담학에서는 아이들의 행동을 '관계의 증상'이라 한다. 부모교육을 가면 꼭 나오는 사례이다. 특히 할머니가 주 양육을 하는 경우나 엄마가 기르고 있더라도 아이와 질적인 시간을 갖지 못하는 경우가 대부분이다.

"시인 나태주는 당신의 외할머니 품에서 외할머니의 아들로 살았다. 그래서 친어머니의 애정을 결핍하고 갈구하는 경향이 있었다. 보편적으로 어머니란 그 말만 들어도 좋은 존재지만, 이 좋은 존재가 둘씩이나 되는 건 결코 축복이 못 된다."

나태주의 '마음이 살짝 기운다'에 실린, 나민애 문학평론가의 글이다. 그는 시인의 딸이기도 하다. 나태주는 자전적 에세이에서 자신의 성격은 편안하지 않음을 고백한다. 어린 시절 자신이 가장 사랑받고 싶었던 대상인 엄마의 사랑이 부족하다는 생각에서 비롯되었다고 볼 수 있다. 불안정한 애착 형성은 이후 성격에도 영향을 미친다.

그럼 어린이집 보육교사가 반항적인 아이를 위해 할 수 있는 일은 무엇일까? 그 아이의 부모를 만나야 한다. 이때 부모에게 좋은 말만 해서는 안 된다. 병원에 가면 의사가 환자 듣기 좋은 말만 하지 않듯이 아이의 행동을 사실대로 얘기해야 한다. 교사는 아이의 심리적인 진단과 처방을 내려야 한다. 무엇보다 아이 입장에서 아이 마음을 부모가 읽을 수 있도록 해주어야 한다. 교사는 전문가다. 부모는 어떤 직업에 종사하든 양육에 있어서는 아마추어다. 전문가가 아마추어에 이끌려 가서는 안 된다.

교사의 역할은 멀리 보면 아이의 발달뿐만 아니라 가정, 사회, 인류를 위한 일이기도 하다. 왜냐하면 아이들의 발달은 이후의 발달에도 영향을 주기 때문이다. "화장실 청소도 해야 한다."라고

**아이의
생각 읽기**

했듯이 보육교사 역할이 녹록지는 않다. 그래도 교사는 사명감과 자긍심을 갖고 보육에 임해야 한다. "별일 아니다."라고 했다던 어린이집 원장도 부모 면담에 힘써야 한다. 보육인의 애씀에 위로와 고마움을 전하고 싶다. 힘내기를 응원하고 괜찮은 보육인은 보육현장을 지켜주기를 바라는 마음이다. 보육인의 처우개선과 지위향상 등 제도개선도 바란다. 아울러 찾아와 고민을 얘기한 선생님의 책쓰기 꿈도 응원한다. 부모들도 내 아이를 돌보는 보육교사의 환경에 관심을 가져 주면 좋겠다. 행복한 교사가 아이를 행복하게 해줄 것이기 때문이다.

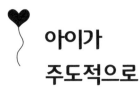

아이가
주도적으로
놀이를 하려고 해요

"5세 아이가 주도적으로 놀이를 하려고 해요"

'문제행동'은 문제행동이 아니라 아이가 보내는 신호, 아이의 마음을 나타낸다. 나는 대학 강의에서 관련 과목을 할 때 학생들에게 '신경 쓰이는 행동'으로 살펴보게 하는 과제를 낸다. 아이의 행동이 부모나 교사 입장에서 신경이 좀 쓰인다는 의미다.

아이 행동 중 '5세 아이가 주도적으로 놀려고 하는 것'은 발달 단계상 지극히 당연한 행동이다. 인간의 발달단계를 8단계로 나눈 정신분석학자 에릭 에릭슨은 유아기 발달과업을 '자기주도성 획득'으로 봤다. 발달과업이란 그 시기에 반드시 자신의 것으로 성취

아이의
생각 읽기

해야 하는 발달을 의미한다.

유엔아동권리협약의 핵심인 아동의 4대 권리는 생존권, 보호권, 발달권, 참여권이다. 이 협약은 의사를 그만두고 전쟁고아 200명과 함께 지내다 나치에 의해 한 줄기 연기로 사라진 야누슈 코르착 사상을 배경으로 만들었다. 그는 "어린이 스스로 천천히 발견할 수 있게 해 줍시다.(야누슈 코르착의 아이들, 양철북)"라고 말한다.

도쿄에서 발달임상과 유아심리를 7년 공부하고, 60여 곳의 영유아 교육기관을 둘러보았다. 박사 논문 집필 시 30여 명의 부모와 면담을 했다. 그 결과 그들이 가장 중요시하는 것은 '아이 스스로 하게 하는 것'이었다. 이 점이 우리나라 교육과 가장 다르다고 본다. 무조건 일본을 모방하자는 의미는 아니다. 그 방향이 맞다는 얘기다.

아이는 스스로 하면서 어떤 개념과 원리를 배우고 자신의 것으로 만들어간다. 진정한 자기주도 학습이다. 또 스스로 했을 때 느끼는 깊은 만족감은 자아존중감의 구성요소인 자기 가치와 자신감을 갖게 한다. 교사나 부모는 아이가 자기 주도적으로 하려고 하는 아이를 지켜봐 주면 된다.

까다로운
외동아이,
어떻게 해야 할까요?

"어린이집에 요즘 외동아이가 많아요. 낯을 많이 가리고, 적응하는 데 시간도 오래 걸려요. 성격이 좀 까다롭기도 하구요. 어떻게 해야 할까요?"

어린이집 보육교사 대상 강의 후 받은 질문이다. 요즘은 자녀를 한 명만 둔 가정이 많다.

한국·중국·일본·베트남 연구자들과 다문화 국제 연구를 오랫동안 진행하고 있다. 중국은 베이징사범대학 교수가 참여하고 있다. 5년 전 베이징에 갔을 때 중국 교수가 나에게 물었다.

아이의
생각 읽기

"아시아에서 축구는 한국이 잘하지요. 상대적으로 인구가 많은 중국보다 왜 한국이 잘하는지 아세요?"

나는 생각해 봤으나 왜 그러는지 이유를 잘 몰라 "글쎄요." 라고 답했다. 그러자 그가 말을 이었다.

"중국은 1가구 1자녀 정책을 펼쳤잖아요. 그러다 보니 아이들이 '작은 황제' 대우를 받지요. 엄마, 아빠와 양가 할아버지⋅할머니 여섯 명이 한 아이를 극진히 돌보지요. 그렇게 자란 선수들로 축구팀을 만들면 팀워크가 형성되지 않아서 그래요."

연구 관계로 베이징의 가정을 방문했을 때 모두 한 자녀였다. 금요일 오후에 북경의 기숙형 유치원을 방문했다. 유치원 앞에는 주말을 아이와 보내기 위해 아이를 데리러 온 부모와 조부모들이 서 있었다.

소아신경과 전문의 김영훈은 "'작은 황제'라는 말은 외동의 발달 심리상 특징 중 하나로 유치한 '과대 자기'가 교정되지 않은 채로 남아 있기에 붙여진 은유이다.", "(외동아이는) 부모가 신경 써야 할 다른 아이가 없으니 욕구도 금세 채워진다. 그런 까닭에 기본적으로 억척스러운 구석 없이 낙천적이고 느긋한 성격으로 자란다. 그러나 같은 이유로 원하기만 하면 언제나 얻을 수 있는 것을 당연시하는 성격이 되기 쉽다. 부모가 충분히 주의를 기울이지 않으면 자기중심적이고 이기적인 아이로 자랄 수 있다."라고 한다.

잘 알려진 도서 〈미움받을 용기〉는 정신의학자 알프레드 아들러 이론을 담고 있다. 아들러는 형제자매 사이 태어난 순서가 성격에 영향을 미친다고 했다. 외동아이는 형제자매가 없으므로 경쟁하지 않아도 되고 부모의 과잉보호로 의존적, 기생적으로 자랄 수 있다고 봤다.

발달 환경상 자기중심적이고 의존적일 수 있는 외동아이를 어떻게 양육하면 좋을까? 무엇보다 또래와의 상호작용을 통해 나뿐만 아니라 상대도 나와 같은 욕구가 있다는 것을 배울 기회를 제공해 주어야 한다.

도쿄 유학 후 현장을 알기 위해 어린이집 교사로 근무했다. 다음은 5세 반을 맡았을 때 사례이다. 늦둥이 동생이 생겼지만, 어린이집에는 혼자 오는 아이가 있었다. 이 아이는 또래들과 갈등이 잦았다. 집에서는 혼자 장난감을 갖고 놀아도 되지만, 어린이집에서는 같은 반 또래와 같이 사용해야 할 장난감도 있다. 간식으로 바나나가 나왔다면 집에서는 혼자 다 먹어도 되지만, 어린이집에서는 나눠 먹어야 한다. 이 아이는 뭐든지 혼자서 장난감이나 먹을 것을 독차지하려고 했다. 나누는 경험을 해보지 않았기 때문에 당연하다.

외동아이는 또래들과 함께하는 다양한 경험을 하도록 해야 한다. 다른 아이도 자신과 같이 장난감도 갖고 놀고 싶고, 먹거리를 보면 먹고 싶다는 것을 알게 해야 한다. 부모나 교사는 외동아이가 까다롭거나 자기중심적이라고 생각하기보다, 자란 환경으로 나타나는 아이의 특성으로 봐야 한다. 특히 어린이집이나 유치원은 아이가 가정에서 경험하지 못한 것을 하게 하는 체험장 역할을 해야 한다.

떼쓰는 아이 때문에
힘들어요

보육실습 지도 시에는 놀이중심 보육과정 운영에 따라 배울 점과 아이들 발달에 가장 많은 영향을 주는 부모교육 관련 내용을 잘 배우라고 전한다. 2019년부터 시행되고 있는 놀이중심 보육과정에서 중요한 것은 아이들의 자발적 활동이다. 그게 가능하게 하기 위해서는 아이의 관심과 흥미를 파악하여 이에 따른 환경 구성을 해야 한다. 그래야 아이들이 호기심을 갖고 환경과 상호작용이 가능하고, 아이들의 의미 있는 발달이 가능하기 때문이다. 또 교사는 가능하면 개입을 줄이고 아이들에게 꼭 필요할 때 반응적 상호작용을 해야 한다. 아이들과의 상호작용, 부모교육 관련 면담, 상담, 참여 수업들을 주의 깊게 살펴보거나 물어서 배우라고 전한다.

"아이들을 좋아해서 보육교사가 되려고 하는데, 그냥 아이들을 좋아하는 것으로만 이 일이 힘들다는 것을 느끼고 있어요. 떼 쓰는 아이를 어떻게 해야 할지를 모르겠어요."라고 하는 실습생이 있었다.

떼쓰는 아이에게 실습생으로 할 수 있는 일은 아이 입장에서 선생님이 자신을 진심으로 사랑해 준다는 확신을 갖게 하는 일이다. 이를 위해서는 선생님이 마음속 깊이 아이를 진심으로 사랑하는 진정성을 갖고, 등원 시간부터 아이와 눈을 마주치고 맞이하고, 활동 시에도 같은 마음으로 대하는 것이다.

떼쓰는 아이는 마음이 불안하고 불편하다는 신호를 보내고 있다. 그 불안과 불편은 대부분 자신이 가장 사랑받고 싶은 부모와의 관계에서 온다. 그러기 때문에 이 아이의 불안과 불편함을 덜어주기 위한 근본적인 해결책은 담임 교사가 아이의 부모를 만나 면담하는 것이다. 부모에게 아이의 원에서의 행동을 사실대로 얘기하고 부모가 아이에게 마음을 주게 하는 매개 역할을 해야 한다.

요즘 부모는 아이를 사랑하지만, 사랑의 방식이 부모 기준인 경우가 많다. 바쁘겠지만 아이의 손을 잡고, 아이와 눈을 마주

치고, 아이와 마음을 나누는 시간을 가져야 한다. 사랑은 받는 쪽
에서 사랑으로 받아들여야 사랑이다. 교육은 진정성 있는 사랑이
다. 사랑이 이긴다.

초등학생인데
왜 손을 빨까요?

"초등학교 2학년이 아직도 가끔 손을 빠는 경우가 종종 있습니다."

아이의 부모는 직장 생활로 바쁘단다. 어떤 부모는 자신들을 대신해 아이를 돌봐줄 아이 돌보미 선생님을 모셔다 아이의 하원과 이후 시간을 부탁하기도 한다. 독자 여러분의 초등학교 시절을 생각해 보라. 학교에 다녀왔는데 집에 부모님이 계시지 않았을 때의 심리적 허전함을.

나는 집에서 약 2km 거리에 있는 초등학교를 걸어서 다녔다. 당시에는 학교에 다녀왔는데 엄마가 집에 안 계시는 것이 당연

했다. 논밭에서 일해야 하기 때문이다. 그런 줄 알면서도 집에 엄마가 없으면 마음이 텅 빈 듯했다. 책가방을 집에 놓자마자 엄마가 계실만한 들판으로 갔다. 엄마를 찾으면 "엄마!" 하고 한 번 부른 뒤, 엄마 옆에 가서 엄마랑 같이 놀이처럼 같이 풀도 뜯고, 고추도 땄다.

초등학생이 손을 빠는 행동은 심리적 방어기제인 '퇴행'이다. 다시 아이처럼 행동하는 것이다. 문제행동이나 부적응 행동이 아니라 부모와의 관계로 인해 생기는 증상이다. 부모가 자신을 사랑한다는 믿음과 확신이 없어서, 자신이 가장 사랑하는 사람인 부모의 사랑과 관심을 받고 싶다는 신호를 보내는 것이다. 부모는 직장 일로 바빠서 낮에는 아이와 함께하지 못하더라도 귀가 후나 주말에는 아이와 밀도 있는 시간을 가져야 한다. 그 시간을 통해 아이에게 엄마 아빠가 바쁘더라도 자신을 사랑한다는 믿음과 확신을 주어야 한다. 그렇지 않으면 아이의 손 빠는 행동은 나아지기 어렵다.

**아이의
생각 읽기**

아이가
야뇨증이 있어요

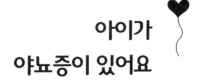

"열 살과 여섯 살 아이를 돌보고 있어요. 큰아이가 야뇨증이 있어요. 부모님은 직장에 다니고 있고요."

열 살이면 초등학생이다. 당연히 대소변을 가릴 나이다. 그런데 밤에 옷이나 이불에 소변을 보는 야뇨증을 보인다는 것이다. 아이가 관심을 받고 싶다는 신호를 보내고 있다. 원인은 두 가지로 볼 수 있다.

하나는 '퇴행'이라는 방어기제이다. 이는 동생에게 부모나 교사의 사랑을 빼앗기고 있다고 생각하고 보이는 행동이다. 어린 아이가 그러듯이 소변을 아무 곳에 봐야 자신을 아이처럼 돌봐줄 것이라는 생각에서다.

또 하나는 불안이다. 부모가 직장을 다니고 있다. 주로 이 아이를 돌보는 사람은 다른 사람이다. 아이의 마음을 생각해 보자. 아무리 자신을 돌봐주는 사람이 잘해준다 한들 아이 마음이 편안하겠는가. 야뇨증을 보인 아이에게는 부모의 사랑이 특효약이다. 단순히 혼내는 것은 해결책이 될 수 없다. 사랑받고 싶고, 불안하다는 아이의 신호를 민감하게 받아들일 일이다.

아이의
생각 읽기

아이가 물건에
욕심이 많아요

"아이가 물건에 욕심이 많아요. 집에서 가지고 놀던 인형이나 자기 담요를 가지고 어린이집에 가요."

몇 년 전 K시 어린이집 부모교육을 하러 갔을 때 아이의 할머니가 하신 말씀이다. 직장에 다니는 딸 대신 손녀를 돌보고 있는 할머니가 교육에 참석했었다. 아이가 보이는 행동은 물건이 욕심이 많아서가 아니라 마음이 불안해서 보이는 '불안정 애착 행동'이다.

불안하기에 집에서 자신이 가지고 놀던 인형이나 담요와 떨어지지 않고 그 물건을 통해 불안을 해소하려는 것이다. 아이는 엄마, 아빠나 사람과의 관계를 통해 심리적 안정을 해야 하는데 그게 안 되어 자신의 물건을 통해서나마 안정을 하고자 보이는 행동이다.

영유아기에 가장 중요한 발달은 애착형성이다. 애착은 양육자와의 정서적 유대관계로, 그 사람을 만나면 마음이 평안하고, 사랑받는다는 믿음과 확신이 드는 것이다. 애착형성이 안 될 때 아이들은 심리적으로 불안감을 느낀다. 그로 인해 위의 사례와 같은 행동을 보인다. 교육 봉사를 다녀온 학생들이 전해준 불안전 애착 행동을 살펴보자.

"만 3세 여아였습니다. 친구들과 놀이할 때 말을 하지 않고, 주로 혼자 놀이를 했습니다. 다른 아이들과 전혀 어울리지 않았고, 다가가서 말을 건네도 피하고 경계하였습니다. 공원으로 현장학습 갔을 때 계속 울면서 교사에게 안기려고 했습니다. 하원 때는 할머니나 할아버지가 데리러 왔습니다."

"만 7세 남아로 또래보다 마른 편이었습니다. 또래나 교사와 상호작용이 거의 없었고, 경직되어 있었습니다. 집에서는 떼를 쓴다고 합니다. 높은 곳에 올라가서 뛰어내리거나 장난치는 것을 좋아한다고 합니다. 엄마에게 매달리고 안아달라고 하지만 갑자기 손을 뿌리치고 때리는 등의 행동도 보인다고 합니다. 엄마는 동생

**아이의
생각 읽기**

의 병간호와 직장 일로 아이를 제대로 돌보지 못했습니다. 아빠와 엄마는 이혼 상태로 아빠가 종종 오시지만, 무서운 편이었습니다."

"만 2세 아이가 또래와 상호작용이 전혀 없었습니다. 매일 자신의 담요를 입에 물고 있는 모습을 보였습니다. 항상 교사 옆에 붙어있었으며, 교사가 잠시 자리를 비우면 소리를 지르면서 우는 행동을 보였습니다."

"만 5세 유아가 다른 친구와 어울리려고 하지 않고, 혼자 있으려고 하였습니다. 부모님이 맞벌이로 할머니가 종종 데리러 오셨는데, 엄마에 대해 물으면 시선을 피하는 모습을 보였습니다."

"17개월 된 아이는 맞벌이로 인해서 할머니께서 돌보다가 할머니의 건강 악화로 17개월 이후에는 가사도우미가 돌보게 되었습니다. 가사도우미는 아이를 돌보지 않고, 집 안 청소나 TV를 보면서 지내다 보니 17개월까지는 정상적인 발달이 이루어지는 듯했지만, 이후에는 다른 사람에 대한 반응이 줄어들고 부모가 안아주어도 멍하니 있거나 이유 없이 떼를 쓰는 일이 많아졌다고 합니다."

교육 봉사 중 학생들이 만난 사례는 내가 직접 본 상황이 아니지만, 경우에 따라서는 반응성 애착장애도 있을 수 있다. 반응성 애착장애는 영유아가 부모와 건강한 유대감을 형성하지 못하는 정신장애이다. 이는 애착을 형성하지 못하는 자폐증의 경우와 달리 후천적으로 양육의 영향으로 애착형성에 문제가 발생한 사회적 기능장애이다. DSM-5에서도 별도 기준을 제시하고 대체로 보이는 행동 특징은 다음과 같다.

양육자에게서 위안·지지·애정, 보호를 얻으려고 시도를 하지 않음, 달래주어도 최소한으로 반응, 대인관계에서 안정된 관계를 맺지 못하며 전반적인 무관심과 사회적인 반응성 부족 등 사회적 상호작용에 있어 현저한 부족함, 냉담하고 위축되어 있음, 적대적 또는 공격적인 성향, 심각한 언어 지연과 운동발달의 지체, 호명에 반응이 없음, 또래의 자극에 반응이 없음, 특정한 사물육·놀이육·상황에 대해 집착, 옆에 누군가 있어도 관심을 보이지 않고 혼자서 고립된 놀이를 즐김, 반향어나 고음의 발성을 하는 등 비정상적인 언어양상

위 행동이 9개월 이상으로 5세 이전 최소 9개월 이상 지속해서 보였다면, 반응성 애착장애일 수 있으므로 전문가 의뢰와 진단이 필요하다고 볼 수 있다. 반응성 애착장애의 치료는 놀이치료나 부모 상담 등이 있다.

**아이의
생각 읽기**

위 사례에서 보여주고 있듯이, 아이가 제대로 사랑을 받을 수 없는 경우가 많음으로 무엇보다 양육자의 양육 태도 변화가 중요하다. 아이와 자주 눈을 맞추고 표정을 보면서 대화하기, 신체적 접촉 행동 늘리기, 아이가 장난감을 가지고 놀 때 양육자가 적극적으로 개입하여 같이 놀아주기, 아이가 잠들 때까지 양육자가 꼭 붙어서 신체적 접촉을 해주기 등이다.

무엇보다 사랑은 아이가 느껴야 한다. 그러므로 양육자는 마음의 여유를 갖고 진심으로 아이를 대해야 한다.

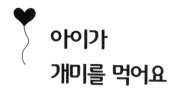

아이가
개미를 먹어요

유아교육과 4학년 대상으로 '정신건강'을 강의를 한 적이 있다. '급식과 섭식장애'와 '배설 장애'를 주제로 강의할 때 학생들은 주로 실습 중 경험을 얘기했다. 그중 인상적인 내용은 만 1세 반에서 실습을 한 학생이 들려준 사례이다. 남자아이로 교실에서는 가위나 장난감을 입에 넣는다. 밖에 나가서는 개미를 먹더란다. 다른 사례로는 이쑤시개, 색연필, 모래, 화장지를 먹는 경우가 있었다. 사례의 대상은 성인도 있다. 이식증 판단 기준은 '음식이 아닌 물질을 1개월 이상 지속해서 먹는 행동을 보이는 장애'이다. 약 2세 전에는 뭐든지 입에 넣는 시기이다. 입이 마치 눈과 같은 시기로 입을 통해 사물을 구별하려 한다. 그래서 이식증은 2세 이후 행동을 보고 진단을 내린다. 개미를 먹는 아이는 만 1세이므로 조금 저 지켜

**아이의
생각 읽기**

볼 필요가 있을 것 같다.

　　이식증의 원인은 먹는 것과 먹어서는 안 되는 것을 구별하지 못한 경우이거나 부모의 우울증으로 안정 애착이 형성되어 있지 않을 때 발생하는 것으로 본다. 즉 영유아는 자신이 사랑받고 싶은 대상인 부모로부터 사랑을 받지 못할 경우에 발생할 수 있는 것이다. 나는 두 번째 원인이 크다고 본다. 안정 애착이 형성되지 않으면 아이는 불안하다. 그 불안을 해소할 방법으로 먹기를 선택한다.

　　이식증은 자기조절이 필요하다. 치료법으로는 부모교육과 행동치료를 병행한다. 부모는 가정에서 아이와 관계에서 중요한 대상이기 때문에 필요하다. 또 칭찬과 보상, 혐오 방법 등을 적용한다. 나는 이식증의 심리적 요인은 부모와의 관계가 주요인이라 본다. 그러므로 무엇보다 중요한 치료법은 교사의 부모 개별 면담이라 생각한다. 부모가 바뀌어야 아이도 긍정적으로 바뀐다. 먹을 것과 먹어서는 안 되는 것에 대해 구별을 하지 못하는 아이들을 제외하고는 영유아가 보이는 행동은 부모의 관심을 바라고 있다는 아이의 표현이다.

4장

부모가 변해야
아이가 좋아진다

손주가 하는 게
아까워요

나는 앞서 소개한 『넉 점 반』 그림책이 좋다. 왜냐하면 한 아이의 당당한 모습과 천진난만한 동심이 담겨 있기 때문이다. 또 그림이 따뜻하고 한국적인 점도 좋다. '넉 점 반', '넉 점 반'이라는 시어의 반복으로 만들어진 운율도 마음을 밝고 경쾌하게 한다.

넉 점 반은 네 시 반이라는 뜻으로 우리가 즐겨 부르는 동요, '나리나리 개나리(봄 나들이)'와 '퐁당퐁당'을 지은 윤석중 선생님 시이다. 그림은 동양화가 이영경 화백이 그렸다.

내가 처음 '넉 점 반'을 만난 것은 6년 전 파주 북소리 축제 때이다. 행사 프로그램에 선정돼 '아동발달과 그림책을 통한 독서

습관'이라는 주제로 세미나를 개최했다. 강사는 그림책 작가였다.

그때 강연자가 준비한 그림책 중 한 권이 바로 넉 점 반이었다. 그림책 속에서 만난 아이의 능청스러운 모습과 따스하고 토속적인 느낌의 그림이 내 기억 한쪽에 온전하게 자리 잡았다. 아이가 돌아다니며 되뇌는 '넉 점 반', '넉 점 반'과 마지막 부분의 '엄마 시방 넉 점 반이래'라는 말도 아직도 귓가에서 들리는 듯하다.

나는 지구상 모든 아이가 그림책 속 아이처럼 자라기를 소망한다. 부모나 선생님이 시키는 대로 하는 것이 아니라 주인공 아이가 물 먹고 있는 닭과 개미, 잠자리, 분꽃 구경을 하며 놀듯이 자기가 하고 싶은 대로 실컷 했으면 한다.

나도 어린 시절을 떠올렸을 때 행복한 기억은 친구들과 땀 뻘뻘 흘리며 해지는 줄 모르고 오징어 놀이, 자치기, 비석치기, 땅따먹기 놀이를 했던 추억이 있다. 오늘날 아이들은 어른들이 정해준 환경과 규제 속에서 자라기 때문에 안타깝게 이런 행복감을 느끼지 못하고 있다.

**아이의
생각 읽기**

나는 내가 가장 바라고 있듯이 아이들뿐만 아니라 어른들도 영혼의 자유를 느끼며 자기답게 살아갔으면 한다. 그러려면 인간 발달의 기초를 이루는 어린 시기부터 누군가의 지시나 강요가 아니라 자기가 하고 싶은 대로 하는 환경이어야 한다.

교육학자이자 사상가였던 장 자크 루소는 〈에밀〉이라는 저서에서 '자연으로 돌아가라', 즉 각자 자신이 가지고 태어난 본성대로 살아야 한다고 말하고 있다. 그는 사회의 잘못된 제도나 가치, 지나친 학교 교육이 오히려 인간이 자기 본성대로 살아가는 데 부정적인 영향을 준다고 본다. 체면 문화가 강한 한국에서는 특히 더 그렇다고 생각한다.

모 백화점 문화센터에 부모교육을 하러 갔다. 아이의 엄마와 할머니가 같이 와 있다. 사연을 물으니 엄마는 아이 스스로 하게 해주고 싶은데 할머니는 다 해줘 버린다는 것이다. 할머니는 "손주가 하는 게 아까워요."라고 했다. 손주가 귀하다는 의미이리라. 발달적으로 10개월이면 손 전체로 물건을 잡던 아이가 손가락을 사용할 수 있고 11개월이 되면 주사위 2개 정도를 쌓을 정도로 소근육이 발달한다. 12개월이면 스스로 걸을 수 있다. 물론 발달의 개인차는 있으므로 조금 빠르거나 늦을 수는 있다.

아이들이 어떤 일을 자기 스스로 달성하고 나서 갖게 되는 뿌듯함, "아, 내가 했다.", "내가 해냈구나."라는 것을 '내적 만족감', '내적 피드백'이라 한다. 영아발달의 세계적 권위자인 하버드대 브레질톤 명예교수는 바로 '내적 만족감'이 아이 발달에 가장 중요하다고 했다. 이런 경험을 몇 번 하고 나면 아이는 '나는 할 수 있다'라는 자신감을 갖게 된다. 이 자신감은 아이의 긍정적 자아존중감에도 영향을 미친다. 또 '회복탄력성', 즉 실수나 잘못을 하더라도 오뚜기처럼 다시 일어날 수 있는 힘이 생긴다.

아이가 할 수 있는 일은 아이 스스로 하게 하자. 그게 아이 발달을 돕는 일이다. '넉 점 반' 주인공 아이의 행동과 태도는 무심한 듯 당당하다. 자기가 하고 싶은 대로 다 하고 해가 져서 집에 돌아간다. 시간을 알아보고 오라는 엄마의 심부름을 다 했다는 의기양양함도 보인다. 나도, 이 땅의 아이들도, 어른들도 이 아이와 같았으면 하는 소망이다.

**아이의
생각 읽기**

네 살 아이와
참외

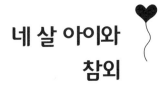

아파트에서 살던 때의 일화이다. 신록의 계절, 5월 가정의 달 첫 주말에 교사 직무 교육이 있어 외출 중이었다. 카톡으로 남편이 사진을 보내왔다. 참외와 손글씨 편지였다.

"안녕하세요. 704호입니다. 저희 아이가 너무 활발해서 층간소음이 심할 것 같아 늘 죄송한 마음입니다. 몇 번 내려가 인사 드리려고 했으나 늘 계시지 않아 문 앞에 두고 갑니다. 맛이 있었으면 좋겠습니다."

"아이가 네 살이라 주의를 줘도 잘 듣지 않네요. 노력할게요. 죄송합니다. 늘 건강하세요."

아이 엄마는 두 차례 편지를 썼다. 처음 써두었다가 한 번 더 덧붙여 쓴 흔적이 있다. 나는 위층에서 가끔 늦은 시간 물건을 옮기는 소리가 신경 쓰인 적은 있었다. 그러나 단 한 번도 아이 발소리가 신경에 거슬린 적은 없었다. 종종 '쫑쫑쫑쫑' 아이가 걷는 발소리가 나기는 했지만 그 소리는 오히려 기쁘고 사랑스럽게 생각했다.

남편이 "아이 부모가 전혀 모르는 것보다는 그래도 뭔가 느끼고 인사를 하니 다행이다."라고 했다. 내가 없는 사이에 아이 엄마와 아이가 왔었다고 한다. 아이 엄마는 아이에게 배꼽 인사를 하게 하더란다. 요즘 보기 드문 젊은 엄마라는 생각이 든다.

답례를 생각했다. 내 책을 주자고 했더니 남편도 흔쾌히 좋은 생각이라고 한다. 바로 적절한 시간을 잡지 못했다. 참외를 받은 지 약 일주일 후, 외출 전에 찾아갔다. 어떤 엄마일까 생각하며 벨을 눌렀다. 두 번 벨을 누르자 안에서 "누구세요?"라는 젊은 엄마의 목소리가 들린다. "네 아래층이에요."라고 대답했다.

잠시 후 아파트 현관문이 열린다. 처음 보는 얼굴이다. 나는

**아이의
생각 읽기**

'새로 이사 왔나 보다'라고 순간 생각했다. 같은 라인 분 중 몇 분은 종종 인사를 나누는데 이 엄마는 초면이다. 놀랐던 것은 이사 온 지 7년째라고 했다. 우리는 13년째이다. 그러니 7년은 바로 위아래에서 살았다. 어떻게 한 번도 마주치지 않았을까? 마주쳤더라도 크게 신경을 쓰지 않았을 수는 있다.

아이 엄마와 인사를 나누고 내가 쓴 『아이가 보내는 신호들』 책을 건넸다. 엄마는 "어머, 책을 쓰는 분이시군요."라고 한다. "네, 관련 일을 하고 있어요. 한 번 읽어보세요. 책 앞쪽에 제가 하고 싶은 말을 간단히 썼어요."라고 했다. 책에 쓴 메모이다.

"604호입니다.
전혀 생각지 않은 참외 잘 먹고 있습니다.

늦은 시간의 움직임 외에,
아이 발소리는 오히려 사랑스럽습니다.
편하게 다니게 하세요.
그럴 때입니다.

제가 쓴 책입니다.

양육에 도움이 되었으면 합니다.

2020. 5. 15.

저자 崔 順 子"

(제자들에게 주로 저자 사인 한 것이 습관이 되어 '드림'을 빠트려 죄송한

마음이다)

아이 얼굴을 한번 보고 싶어서 아이가 있느냐고 물었더니, 어린이집에 가고 없다고 한다. 아이 엄마에게 '안정 애착', 아이가 엄마 아빠가 자신을 사랑한다는 믿음과 확신을 갖게 하는 것이 중요하다는 말을 덧붙이고 왔다.

나는 위층의 소리에 전혀 신경 쓰지 않고 있다. 일찍 나오고 늦게 들어가는 날이 많아서 소리를 잘 듣지 못해서일 수도 있다. 건넨 글 중 '늦은 시간의 움직임'을 적었던 것은, 아주 종종 늦은 시간 소리가 나기도 했고 남편은 소리에 조금 신경 쓰고 있는 듯해서 배려를 당부하는 마음이었다.

종종 이웃 간 소음으로 인한 사건 사고 뉴스가 보도된다. 최

아이의
생각 읽기

근에는 서울의 모 아파트에서 이중 주차된 차를 민 경비원에게 폭행과 폭언을 한 입주민이 있었다. 경비원은 '억울하다'라는 유서를 남기고 죽음을 선택했다. 그에게는 홀로 키운 미혼의 두 딸이 있다고 한다.

　서로 사정을 알면 이해 못 할 것도 없다. 조금씩 이해하고 양보하고, 배려하는 생활 공동체를 생각해 본다. 남편에게 답례했다고 했더니 "그렇지 않아도 신경 쓰이던데 잘했네."라고 한다. 앞으로는 남편도 위층 소리에 덜 민감할 듯하다. 네 살배기 아이는 배려할 줄 아는 엄마에게 잘 자랄 것 같아 다행이다.

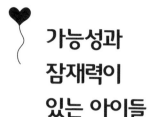

가능성과
잠재력이
있는 아이들

"인간은 인간으로 태어나는 것이 아니라 인간으로 교육되어 간다." 르네상스 시대의 네덜란드 인문학자 에라스무스가 한 말이다. 그의 말은 교육의 중요성을 강조하고 있다. 그렇다면 교육은 무엇일까?

18세기 프랑스 사상가 장 자크 루소는 "교육은 인간이 태어날 때부터 가지고 있는 선한 본성을 지켜주는 행위, 외부의 악영향으로부터 보호해주는 행위이다."라고 했다. 그는 소극적 교육을 말한다. 소극적이란 방임과 방치가 아닌 지나친 개입을 해서는 안 된다는 의미다. 왜냐하면 아이들은 이미 기본적 인지구조를 가지고 있고, 환경과 상호작용을 통해 자신을 구성해갈 능력이 있기 때문

**아이의
생각 읽기**

이다. 유아교육과 신입생을 대상으로 '인간 이해와 교육'이라는 주제로 강의를 했을 때 학생들의 반응이다.

"아이들이 교육의 주체가 되어 스스로 배우게 해야 한다는 것을 느꼈고, 어떻게 해야 아이들을 충족시킬 수 있는지 고민하는 계기가 되었습니다."

"교육은 외부에서 주입하는 것이 아니라 올바른 발달을 위해 도와주는 행위라는 것이 기억에 남습니다."

"백지설에 대해 긍정적으로 생각하고 있었는데, 인간을 무능한 존재로 생각한다는 한계가 있다는 점을 들어보니 관점이 조금 바뀐 것 같습니다."

"자연주의 관점 중 루소의 '아동의 자연적 관심으로부터 출발하여 오직 아동의 관심과 욕구를 충족시킬 수 있는' 이 말이 인상 깊었습니다. 저 또한 영유아들이 관심을 가장 잘 지원해 주어야 한다고 생각하기 때문입니다."

"인간은 잠재적 가능성을 지녔고, 가소성을 가지고 있어 교육을 실현할 수 있다는 것을 알게 되었고, 인간을 인격적 존재로 대하여야 하고 대화적 존재로 인식해야 한다는 점도 기억에 남습니다."

이들의 소감처럼 아이들은 가능성과 잠재력이 있다. 교육은 외부에서 단순한 지식을 주입하는 것이 아니다. 환경을 통해 이를 끌어내 주는 것이다. 보육·교육과정에서 중시하는 아이들의 관심과 흥미를 살피고, 이에 따른 상호작용을 해야 한다.

"사실주의 관점에서 교육자는 성공적인 교육을 위해 요구되는 모든 가능한 도움을 제공해야 한다는 점과 자신의 성과에 대한 관찰과 성찰을 통해 자신의 한계에 대해 깨달아야 한다는 점이 가장 인상 깊었습니다."

위 소감처럼 부모나 교사는 늘 자기반성적 사고도 해야 한다.

아이의
생각 읽기

내면의 힘을
가진
아름다운 아이

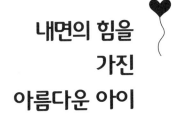

"못생긴 얼굴은 없어. 마음은 우리가 갈 길을 보여주는 지도이고, 얼굴은 지난 온 과거를 나타내는 지도란다."

주변에서 추천받은 영화 '원더'를 봤다. 주인공 어기는 염색체 충돌로 생긴 안면 장애를 갖고 태어났다. 엄마와 홈스쿨을 하며 지내다 열 살 때 학교에 간다. 아이들이 얼굴이 평범하지 않은 자신을 피하고 상처를 주자 집에 돌아와 엄마에게 얼굴 탓을 한다. 위 구절은 그때 엄마가 들려준 말이다. 아들에게 27번이나 수술하고 잘 견디었음을 새겨주고 있다.

이 영화에서 주는 가장 큰 메시지는 교장 선생이 아이들에게 한 말로 "어기의 얼굴은 바꿀 수 없다. 우리의 시선을 바꿔야 한다."로 본다. 우리가 대상을 볼 때 있는 그대로 바라봐 주는 것과 어떤 관점으로 보는가의 중요성을 말하고 있다.

어기는 상처를 받기도 하지만 내면의 힘을 가진 아이다. 졸업식장에서 교장 선생은 "위대함은 강함에 있지 않고, 힘을 올바르게 사용하는 것에 있다. 정말 위대한 사람은 자신이 가진 것으로 많은 사람을 감동하게 하는 사람이다."라고 한다. 그 표본으로 어기가 수상자가 된다. 그는 "누구나 한 번쯤 박수받을 자격이 있다."라고 답례한다.

어기가 내면의 힘이 있는 아이로 성장할 수 있었던 것은 무엇보다 엄마의 헌신적인 사랑이 큰 밑받침이 되었다. 아이의 마음을 읽어주고 함께 놀이를 즐기는 아빠가 있었다. 또 동생 때문에 부모의 관심을 받지 못한다고 속상해하면서도 동생을 아끼는 누나도 한몫한다. 한편 주위 사람들의 격려와 용기도 필요했다.

한 사람이 성장하는 데는 이렇게 믿어주고 격려해 주는 사람이 있어야 한다. 자녀가 있는 가정에서는 함께 보면 좋을 가족영화

**아이의
생각 읽기**

이다. 영화에서 "그들이 어떤 사람인지 알고 싶으면, 바라만 보면 된다."라는 대사가 있다. 화면을 바라보며 가족, 우정 등을 생각해 보면 좋을듯하다.

부모님께 사랑을 많이 받지 못해서 지금까지 이어지고 있는 것을 알았어요

"부모님께 사랑을 많이 받지 못해서 지금까지 이어지고 있는 것을 알았어요."

어느 고등학생이 쓴 글이다. 경기꿈의대학은 경기도 소재 고등학교에 다니는 학생들이 전문가에게 관련 강의를 듣고 자신의 진로 탐색을 하도록 하기 위하는 과정이다. 초창기부터 강의를 맡고 있다. '유치원, 어린이집 교사되기'와 '선진복지국 사례를 통한 한국의 미래 복지이야기' 과목을 맡았다.

한 학생이 강의 소감으로 "이 수업을 들으면서 옛날 생각이 많이 났다. 동생이 태어나서 부모님께 사랑을 많이 받지 못해서 지

아이의 생각 읽기

금까지 손톱 뜯기가 이어지고 있는 것을 알았다."라고 했다. 학생은 동생이 둘이라고 한다. 부모님들은 늘 자신을 혼냈음을 기억하고 있었다.

이 소감을 읽고 학생에게 부모님께 배운 것을 전해드리면서 사랑을 요구하라고 했다. 그 후 부모님이 잘해주려고 하는 것이 보인단다. 학생은 마음속으로 부모님이 고마울 것이다. 그는 종강 날 "내가 배우고 싶은 것을 배울 수 있어서 좋았다."라고 소감을 적었다. 나는 다시 한번 부모에게 어릴 때 못 해준 사랑 100배를 해달라고 요구하라고 했다.

부모가 아이를 아프게 한다. 이제 아이는 안다. 왜 자신이 그리 힘든지. 늦게라도 부모가 노력할 때다. 학생의 부모와의 관계 개선을 응원한다.

어린 시절 경험은
어른이 되어
어떻게 나타날까?

"시인 나태주는 당신의 외할머니 품에서 외할머니의 아들로 살았다. 그래서 친어머니의 애정을 결핍하고 갈구하는 경향이 있었다. 보편적으로 어머란 그 말만 들어도 좋은 존재지만, 이 좋은 존재가 둘씩이나 되는 건 결코 축복이 못 된다."

앞에서도 언급한 적이 있는 이 글을 쓴 나민애는 나태주 시인의 딸이기도 하다. 평상시 아버지 성격을 보고 어린 시절 양육환경과 연관 지어 쓴 부분이다. 평론가는 아동발달 전문가는 아닐 터인데 나를 포함한 아동발달 심리학자들이 생각하는 '아이들 발달에서 가장 중요하게 여기는 애착 형성'에 대해 적고 있다. 애착 형성이란, 아이가 사랑받고 있다는 믿음과 확신을 갖는 정서적 유대관

**아이의
생각 읽기**

계를 말한다. 이 글에서 핵심은 "이 좋은 존재가 둘씩이나 되는 건 결코 축복이 못 된다."이다.

한국의 발달임상학이란 학문을 개척한 김중술 상담가가 있었다. 그가 쓴 〈사랑의 의미〉와 개정판 〈신 사랑의 의미〉는 우리나라 성인 애착 보고서라고 할 수 있다. 김 교수는 대인관계 상담 전문가로 수많은 사람을 만났다. 그들과의 상담을 통해 알 수 있었던 것은 어린 시절 애착형성이 안 된 사람들이 자신을 찾아오고 있다는 점이었다. 그러면서 인생에서 가장 중요한 것 네 가지를 말한다. 사랑하는 사람이 있다는 것, 나를 사랑해 주는 누군가가 있다는 것, 이 둘이 맞물려야 한다는 것, 서로 사랑을 주고받는 느낌이 무엇인지 아는 것이라 했다.

나 평론가가 '좋은 관계가 둘이어서는 안 된다'라고 한 것은 세 번째 항목인 '나를 사랑해 주는 사람과 내가 사랑하는 사람이 맞물려야 한다'는 내용과 같은 맥락이다. 나태주 시인은 어린 시절 할머니와 살면서 사랑을 듬뿍 받았을 터이다. 그런데 어린이 나태주는 누구의 사랑을 가장 받고 싶었을까? 할머니 사랑을 받으며 할머니와 살고 있지만, 엄마라는 존재가 늘 어린아이 가슴에 그리

움으로 크게 자리잡고 있었을 터이다.

할머니가 아무리 사랑해 주어도 그리움은 채워지지 않고, 가슴은 허전함으로 가득했을 것이다. 그때 채워지지 않았던 엄마의 사랑을 이후 어른이 되어서도 갈구하게 된 것이다. 그런 아버지의 모습이 딸에 눈에 들어왔고 예리한 눈과 분석력을 가진 딸은 인간 발달의 핵심을 파악하고 있다. 놀랄 따름이다.

엄마의 애정을 결핍하고 갈구하는 이는 나 시인만이 아니다. 숱한 어른들에게 그 모습이 나타나고 이는 현재진행형이다. 어릴 때 할머니나 할아버지와 같은 제삼자의 손에서 자란 아이들은 이후에 어른이 돼서 같은 애정 결핍 행동을 보이게 된다.

아이에게 좋은 존재는 한 명으로 서로 맞물려야 한다. 아이가 어렸을 때, 아이에게 좋은 단 한 사람은 가능하면 부모가 그 역할을 하는 것이 바람직하다. 왜냐하면 아이가 가장 원하는 사람은 부모이기 때문이다. 부모는 어떤 환경에서라도 아이의 좋은 사람이 되어 아이와 서로 맞물리는 관계가 되어야 한다. 그게 육아의 핵심이다.

**아이의
생각 읽기**

아이들의 의견도
들어야 한다

'모든 아동의 행복과 건강한 사회를 위해'

내가 운영하는 국제아동발달교육연구원의 슬로건이다. 아이들이 행복해야 사회가 건강해지고, 사회가 건강해야 아이들이 행복할 수 있다는 생각에서 정했다. 이를 위해 연구원 개원 이후 정기적으로 관련 세미나를 개최하고 있다.

갑작스러운 코로나19 상황으로 예전보다 참가 인원은 줄었지만, 영유아 교육에 깊은 관심을 두고 있는 분들의 참여라 밀도 있는 토의가 활발하게 이루어진다. 특히 어린이집을 운영하다 상담심리를 공부해 현재 상담심리치료사 선생의 얘기가 아직도 기억에 생생하다.

상담을 하다 보면 코로나19로 아이들 보육 문제로 힘들어하는 얘기를 듣게 되기도 하는데, 지금 상황에서 어린이집 입소와 퇴소가 빈번하게 할 수밖에 없는 경우가 많은데, 그때 아이들의 의견과는 전혀 관계없이 입소와 퇴소가 이루어지고 있다는 것이다. 오래전 아동복지시설을 운영하던 분을 만나 얘기를 나눈 적 있다. 그분은 한국 전쟁 고아들을 돌보기 시작해서 지금까지 관련 일을 하고 있다. 오랜 세월 가정을 떠난 아이들을 돌보다 보면 아이들의 부모도, 행정기관도 아이들을 하나의 물건처럼 취급하는 경우가 있다고 했다. 복지시설 입소를 아이들의 의견과는 전혀 상관없이 어른들이 결정한다는 것이다.

물론 입소와 퇴소는 아이들 연령에 따라 의견을 물어보기 힘든 경우도 있다. 그러나 말을 할 수 있다면 아이에게 의사를 물어야 한다. 아이도 헤어지고 싶지 않은 친구나 선생님이 있을 터이니 말이다. 아동복지 시설을 운영하던 분도 아이들 의사는 전혀 묻지 않고 어른들 맘대로 결정하는 것은 반드시 개선되어야 한다고 했다. 어떤 의사결정을 할 때는 아이들의 의견도 물어야 한다. 아이도 아이 나름대로 생각이 있기 때문이다. 그게 존중이다. 아이들도 존중받아야 할 마땅한 존재이다.

아이의
생각 읽기

영화 '펜스'로 보는 부모와 자녀 관계의 단상

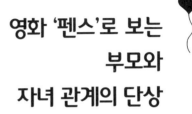

영화 '펜스'를 봤다. 남자 주인공 트로이는 스스로 가장으로 책임을 다한다고 생각하지만, 상처받은 가족과 이별한다. 영화는 정신병을 앓고 있는 동생에 의해 천국의 문을 여는 것으로 끝난다. 내용은 무거웠지만 가족의 문제, 특히 부모와 자녀 관계를 생각하게 하는 영화였다.

영화를 통해 2차 대전 후 시대상, 당시 미국 사회의 인종차별, 흑인의 정체성 등을 엿볼 수 있었다. 여주인공 로즈는 가족의 울타리가 되려고 노력했으나 큰 틀에서 울타리가 되어주지 못하는 가족의 문제, 부모와 자녀 관계의 대물림, 존재감을 갖게 해주었다는 사람과의 외도로 아내에게 외면받는 남자 등을 그리고 있다.

부모교육과 아동발달에 천착하고 있는 내가 영화에서 본 것은 부모와 자녀 관계의 잘못된 대물림이다. 트로이는 아버지의 학대로 열네 살 때 집을 나온다. 살기 위해 도둑질을 하고, 그 과정에서 살인을 한다. 출소 후 가정을 이루나 두 아들에게 마음으로 다가서지 못한다. 아들들은 마음의 상처를 받는다.

어느 날 둘째 아들이 "뭐 좀 여쭤봐도 될까요?"라며 아버지가 자신을 좋아하지 않음을 느끼고 물어본다. 아버지는 "널 반드시 좋아할 이유는 없어."라고 말한다. 나는 자신이 사랑받고 싶은 대상으로부터의 부정은 얼마나 큰 상처가 되는가를 상담 현장에서 만나고 있다.

트로이는 가장의 의무로 매주 금요일 주급을 받아 아내에게 건네지만, 가족에게 마음은 열지 않는다. 결국 자신이 하고 싶은 음악을 하던 큰아들은 사회적으로 일탈 행동을 보인다. 둘째 아들은 아버지에게 마음의 문을 닫아 버린다.

이 문제는 영화가 만들어진 1950년대 미국 사회에서만 있는 일은 아니다. 우리 사회에서도 현재진행형이다. 교육청 교육프로그

램으로 학기 중에는 고등학생들을 만나기도 한다. 어느 날 두 여학생이 얘기를 나누는 것을 듣게 되었다.

"지가 언제부터 친했다고, 요즘 왜 이렇게 친한 척하는지 모르겠어."

여기서 '지'는 자신의 아빠를 지칭한다. 아빠는 영화 속 아버지처럼 열심히 일해서 자식 뒷바라지한다고 생각하고 있을 터이다. 일로 바빴든, 어떤 이유에서든 평상시 아빠는 아이와 살갑게 지내지 못했던 것 같다. 그런 아빠가 딸아이와 잘 지내고 싶어 말을 걸었나 보다. 그에 대한 딸의 반응이다. 부모와 자녀 간은 부모가 사랑으로 착각하고 주는 것이 아니라 자녀 쪽에서 느끼는 사랑이어야 한다.

영화 전체를 관통하는 부모와 자녀 관계의 잘못된 대물림의 고리를 끊기 위해서는 어느 대에선가 자각이 있어야 한다. 문제를 깨닫고 반복되는 악순환을 끊어야 한다. 이는 개인 혼자서는 어려울 수 있다. 사회육·교육적 지원이 필요하다. 전 국민에게 건강검진을 받게 하듯이 국가적으로 부모교육과 가족 상담 일상화와 의무화를 기대한다.

아이는
부모의
등을 보고 자란다

"오늘이 칼럼 베껴 쓰기 1년째 되는 날이더라구요. 이끌어 주신 덕분에 1년 동안 꾸준히 쓰게 되었네요. 8살 작은 녀석이 엄마의 글쓰기를 따라서 어린이 신문 기사를 필사한다며 노트를 준비하네요. 이런 긍정의 효과가 또 생기네요."

내 홈페이지에서 나와 같이 칼럼 베껴 쓰기를 같이 하는 회원이 보내온 내용이다.

박경리 선생은 토지문화재단을 설립하면서 "사고하는 것은 능동성의 근원이며 창조의 원천입니다. 그리고 능동성이야말로 생명의 본질인 것입니다. 하여 능동적인 생명을 생명으로 있게 하기

**아이의
생각 읽기**

위하여 작은 불씨, 작은 씨앗 하나가 되고자 합니다."라고 밝혔다. 그는 이처럼 생명의 본질인 능동성을 가지고 작은 불씨, 작은 씨앗을 심고 있다.

엄마의 모습을 보고 8살짜리 아이도 베껴 쓰기를 하겠다는 것이다. 이보다 더 좋은 교육은 없을 것이다. 아이들은 부모가 말하는 대로 자라지 않는다. 부모의 행동하는 것을 보고, 배우고 자란다.

몬테소리 교육을 창시한 마리아 몬테소리는 아이들의 발달 특성 중 하나로 '흡수 정신'을 말한다. 이는 스펀지가 물을 빨아들이듯이 아이들은 환경을 흡수한다는 것이다. 흡수 정신은 다시 '무의식적인 흡수기'와 '의식적인 흡수기'로 나뉜다. 만 2세까지의 영아기를 '무의식적인 흡수기', 만 3세에서 만 5세까지의 유아기를 '의식적인 흡수기'로 본다.

무의식적인 흡수기는 아이가 주변 환경을 취사선택 없이 있는 그대로 흡수한다는 것이고, 의식적인 흡수기는 나름대로 판단해서 관심 정도에 따라 선택한다는 것이다. 엄마의 칼럼 베껴 쓰기를 보고 자기도 하겠다고 한 아이는 엄마의 베껴 쓰는 모습을 보고 관심이 생겼고, 좋아 보였던 것이다.

칼럼 베껴 쓰기는 좋은 읽기 연습이라 할 수 있다. 몰랐던 단어를 알게 되므로 어휘력이 늘어나고, 다방면의 지식과 세상을 보는 관점도 생겨난다. 이는 곧 글쓰기에도 직결된다. 독서와 글쓰기에 관심이 유난히 많은 엄마는 아이가 책을 많이 읽었으면 하는 바람이 있을 것이다. 또 글도 잘 썼으면 하는 마음도 분명히 있을 터이다.

그러던 차에 자신이 얘기하지 않아도, 엄마가 하는 것을 보고 따라하겠다는 아이가 얼마나 사랑스럽고 대견스러울지는 눈으로 확인하지 않아도 훤하게 그려진다. 이렇듯 아이 교육은 부모가 스스로 모범을 보이는 것이다. 나는 이 아이가 꾸준히 베껴 쓰기 하는 것을 지켜보고 1년 후 보상해 주기로 약속했다.

아이의
생각 읽기

내가 변하니
다 좋아지네요

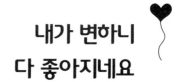

나에게 넉 달 정도 상담을 받았던 분이 "내가 변하니 다 좋아지네요!"라고 했다. 아이가 보이는 행동이 무엇 때문인지 문제의 핵심을 파악한 것이다. 아이의 행동은 관계의 문제로 나타난다. 그 관계는 부모와 자녀 관계가 가장 큰 영향을 미친다.

아이가 가장 사랑받고 싶은 대상은 부모이다. 그러다 보니 부모의 영향을 가장 많이 받을 수밖에 없다. 상담했던 엄마는 두 명의 자녀가 있었다. 상담을 의뢰한 주요인은 큰아이의 문제였다. 아이는 여러 증상을 보였다.

엄마 상담을 중심으로 일주일에 한 번씩 온 가족이 상담을 받았다. 초기 상담을 통해 큰아이와 엄마의 문제가 바로 보였다. 나는 두 사람을 중심으로 상담했다. 특히 엄마의 변화에 초점을 맞췄다.

엄마는 상담을 받기 시작한 몇 차례는 상담받는 동안 내내 울었다. 그만큼 상처를 많이 가지고 있었다. 상담자가 그 마음을 읽어주니 자신도 모르게 눈물이 터져 나왔을 터이다.

엄마는 그 울음이 그친 뒤로 두 달째쯤 되었을 때 서두에서 언급한 말을 했다. 나는 엄마가 원인을 찾고 변화된 것이 기뻤다. 엄마의 변화로 아이에게 있었던 증상들이 백 퍼센트는 아닐지라도 거의 사라졌다. 이후 다지기로 두 달 정도 더 상담을 이어갔다.

'문제 아이는 없다. 문제 부모가 있을 뿐이다.'라는 말이 있다. 정신분석가 이승욱 박사는 "아이는 부모의 증상이다. 아이가 불안하다면 부모가 불안한 상태일 가능성이 높고, 아이가 산만하다면 부모가 억압한 결과일 수 있고, 아이가 분노하면 부모가 아이를 화나게 했기에 그럴 것이다."라고 했다.

이 박사도 실제 많은 상담을 하고 있다. 그를 직접 만나 얘기를 나눈 적이 있다. 그는 자신을 찾아오는 내담자들의 상담유형은 다양한데, 99.9% 깔때기처럼 모이는 원인이 있단다. 바로 내담

**아이의
생각 읽기**

자 어린 시절의 부모와 자녀 관계라고 했다. 앞서 내가 상담한 사례 역시 마찬가지였다.

그러므로 아이들을 잘 양육하기 위해서는 양육자 자신의 어린 시절 탐색이 필요하다. 정신분석학에서는 이를 '내면 아이' 탐색이라 한다. '내면 아이'란 내 속에 있는 아이로, 어린 시절 부모로부터 양육 받은 나 자신이다.

내면 아이가 편안할 수도 있지만, 슬프고 화가 나고, 불안할 수도 있다. 그런데 과거 사실은 없앨 수 없다. 내 생각을 바꿔야 한다. 상담 과정에서 이런 작업을 한다.

양육자가 편안하고 담담해져야 아이를 잘 양육할 수 있다. 아이를 잘 양육하고 싶다면 부모는 먼저 자신을 들여다봐야 한다. 먼저 내 속에 있는 '내면 아이'를 잘 보살펴야 한다. 내가 만난 엄마의 사례처럼 부모가 바뀌면 아이도 바뀐다.

국가적으로 부모들이 누구나 쉽게 상담할 수 있는 지원체계도 기대한다. 미래 세대를 잘 양육하는 것이야말로 국가경쟁력이기 때문이다. 아이들은 절대 기다리지 않음도 잊지 않았으면 한다.

사랑받는 아이가
건강하게 잘 자란다

텍사스 오스틴대 엘리자베스 거쇼프는 체벌 받은 아이를 연구했다. 연구 결과 체벌 받은 아이들은 반사회적 공격성 성향이 높음을 밝혔다. 나는 박사 논문으로 아이들 발달과 부모의 양육태도 관련성을 한국과 일본 비교로 살폈다. 결론은 아이가 부모의 사랑을 느끼지 못하는 게 가장 좋지 않은 양육이라는 사실이었다. 거쇼프의 연구 결과와 같다. 아이가 사랑받지 못하고 체벌 받게 되면 평생 상처로 남는다. 그 상처가 반사회적 공격성으로 나타난다.

"엄마, 부모, 엄마, 부모, 부모, 엄마, 부모, 부모님, 엄마, 부모님, 부모, 부모, 부모님, 부모, 부모, 엄마, 부모, 부모, 엄마, 부모님, 부모, 엄마, 엄마, 엄마가 최고, 부모, 부모, 부모, 엄마"

**아이의
생각 읽기**

　　내용은 강의 중 "아이들은 누구의 사랑을 가장 받고 싶을까요? 누가 아이의 마음속에 가장 많이 차지 잡고 있을까요?"라는 질문에 보육교사 30여 명이 써준 단어이다. 비대면이라 채팅방에 대답했는데 올린 순서 그대로이다. 단 한 명도 예외 없이 부모이다. 이는 엄연한 사실이다. 나도 어렸을 때 그랬다.

　　내가 만난 내담자 엄마가 "내가 변하니 다 좋아지네요."라고 말한 것처럼, 부모의 변화로 사랑받는다는 확신을 가져야 아이는 건강하게 자란다. 육아에 애쓰고 있는 모든 부모를 응원한다. 아이들은 기다려 주지 않는다. 사랑을 줄 시기를 놓치지 않는 현명한 부모의 선택을 기대한다.

지혜로운 토끼해를 기다리며

최 순 자

부모 되는 철학 시리즈

"함께 나누는 행복 이야기"

부모가 된다는 것은 지구상에서 가장 힘들고 어렵다. 동시에 가장 중요한 일이기도 하다.
'부모되는 철학 시리즈'는 아이의 올바른 성장을 돕는 교육 가치관을 정립하고 행복한 가정을 만들어 가는 데 긍정적인 역할을 할 것이다. 부모가 행복해야 아이들도 행복하다. 행복한 아이와 행복한 부모, 나아가 행복한 가정 속에 미래를 꿈꾸며 성장시키는 것이 부모되는 철학의 힘이다.

서울특별시 마포구 토정로 222, 한국출판콘텐츠센터 401호 T.02-323-5609